普通高等教育"十三五"规划教材

Access 2016 数据库技术与应用

主　编　陆惠玲　闫　静
副主编　丁春晖　吴立春　唐晓静　胡　俊

U0310500

中国铁道出版社有限公司
CHINA RAILWAY PUBLISHING HOUSE CO., LTD.

内 容 简 介

本书以Access 2016为背景，介绍了关系型数据库管理系统的基础理论及应用系统开发技术。全书共7章，主要内容包括数据库和表、查询、窗体、报表、宏、模块与VBA等。

本书结构合理、思路清晰、层次分明、注重实用性和可操作性。全书以"教学管理系统"数据库为例，用较多的实例详细讲解了每一种对象及各种操作的具体过程和操作中的注意事项。书中的每个例题都有详细的操作步骤，并且都在Access 2016环境下操作并测试通过。

本书适合作为普通高等学校非计算机专业"数据库应用技术"课程的教材，也可作为全国计算机等级考试二级Access的备考教材，以及计算机爱好者的自学用书。

图书在版编目（CIP）数据

Access 2016数据库技术与应用/陆惠玲，闫静主编. —北京：中国铁道出版社有限公司，2019.8（2023.7重印）
普通高等教育"十三五"规划教材
ISBN 978-7-113-25937-2

Ⅰ.①A… Ⅱ.①陆… ②闫… Ⅲ.①关系数据库系统-高等学校-教材 Ⅳ. ①TP311.138

中国版本图书馆CIP数据核字(2019)第140561号

书　　名：Access 2016 数据库技术与应用
作　　者：陆惠玲　闫　静

策　　划：李志国　　　　　　　　　　　　编辑部电话：(010) 83527746
责任编辑：田银香　冯彩茹
封面设计：刘　颖
责任校对：张玉华
责任印制：樊启鹏

出版发行：中国铁道出版社有限公司（100054，北京市西城区右安门西街8号）
网　　址：http://www.tdpress.com/51eds/
印　　刷：北京铭成印刷有限公司
版　　次：2019 年 8 月第 1 版　2023 年 7 月第 4 次印刷
开　　本：787 mm×1 092 mm　1/16　印张：11.75　字数：289 千
书　　号：ISBN 978-7-113-25937-2
定　　价：33.00 元

前　言

Microsoft Office Access 是微软公司推出的 Microsoft Office 系列组件之一，它结合了 Microsoft Jet Database Engine 和图形用户界面两项特点，是当今受欢迎的桌面关系型数据库管理系统之一。

Access 具有强大的数据处理、统计分析能力，利用 Access 的查询功能，可以方便地进行各类汇总、平均等统计，并可灵活设置统计的条件。

本书以 Access 2016 版本为基础编写，与之前的版本相比，Access 2016 功能界面更加简洁，用户操作更加便捷、智能化。另外，增加的"操作说明搜索"功能，让用户操作更加迅速便捷。

本书主要介绍 Access 2016 软件的主要功能与操作，注重实用性和可操作性。内容共 7 章，第 1 章数据库系统概述，主要介绍数据与数据管理、数据库的产生与发展、数据库系统、关系数据库、关系数据库设计基础等内容；第 2 章数据库和表，主要介绍数据库、表的创建等内容；第 3 章查询，主要介绍建立查询的方法和工具、查询的类型等内容；第 4 章窗体，主要窗体的创建等内容；第 5 章报表，主要介绍报表的创建与编辑等内容；第 6 章宏，主要介绍宏的创建与设置等内容；第 7 章模块与 VBA，主要介绍模块与 VBA 高级程序设计等内容。

本书由陆惠玲、闫静任主编，由丁春晖、吴立春、唐晓静、胡俊任副主编。全书以"教学管理系统"数据库为例，用较多的实例详细讲解了每一种对象及各种操作的具体过程和操作中的注意事项，书中每个例题都有详细的操作步骤，并且都在 Access 2016 环境下操作测试通过。

由于编者水平有限，加之时间仓促，书中难免存在疏漏和不足之处，恳请读者批评指正。

编　者

2019 年 3 月

目　录

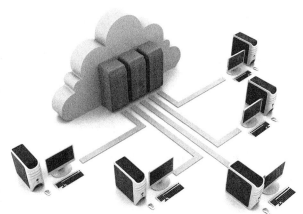

第 1 章
数据库系统概述

数据库技术是计算机领域中发展最快、应用最广泛的核心技术之一，目前，绝大多数计算机应用系统都是在数据库的基础上开发的，因此，学习和掌握数据库的基础知识，已成为计算机应用系统开发的必要前提和重要保证。

本章将在回顾数据库产生和发展过程的基础上，着重介绍数据库的主要概念、基本特点、数据模型、关系数据库的基础知识以及数据库设计的方法和步骤等内容，以对 Access 2016 有一个初步的认识。

1.1　数据与数据管理

使用计算机对数据进行分类、组织、存储、检索和维护是人们日常学习、工作的需要，而数据库技术作为计算机数据管理技术的最新发展阶段，正是一门研究如何存储、使用和处理数据的技术。

1.1.1　信息与数据

信息（Information）与数据（Data）是数据处理过程中密切相关的两个基本概念，在一些不需要严格区分的场合，时常被不加以区别地使用。其中，信息反映了现实生活中事物的存在方式或运动状态；数据则是以符号的方式记录现实生活中的事物，是利用物理符号记录可识别的信息，如数字、文字、图形、图像、声音等。

数据是信息的表示或载体，信息是数据的内涵或解释。

1.1.2　数据处理

数据处理（Date Processing）是指将数据转换成信息的过程，是指对各种形式的数据进行收集、存储、检索、加工、变换和传播的一系列活动的总和。进行数据处理是为了从大量的、可能是杂乱无章的、难以理解的数据中抽取、推导出对人们有价值的信息，以作为行动和决策的依据；还能借助计算机科学地保存和管理复杂的、大量的数据，以便人们能够方便而充分地利用这个宝贵的资源。所以说，计算机是一个具有程序执行能力的数据处理工具，计算机数据处理模型如图 1.1 所示，计算机数据处理所得到的输出数据（信息）除了取决于输入数据外，还取决于程序。程序不同，完成的数据处理方法不同，得到的结果也不同，即包含的信息也不同。

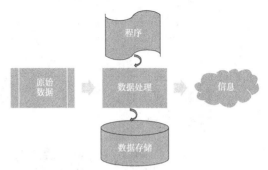

图 1.1　计算机数据处理模型

1.2　数据库的产生与发展

数据管理技术也和其他技术一样，经历了从低级到高级的发展过程。随着计算机硬件技术、软件技术和计算机应用范围的不断发展，大致经历了人工管理阶段、文件系统阶段、数据库管理阶段、分布式数据库系统阶段和面向对象数据库系统阶段。

1.2.1　人工管理阶段

20 世纪 50 年代中期以前，计算机主要用于科学计算，当时硬件的外存储器只有磁带、卡片、纸带，没有磁盘等直接存取设备。软件没有操作系统，没有专门管理数据的软件。数据由程序自行携带，并以批处理的方式加以处理。用户用机器指令编码，通过纸带机输入程序和数据，程序运行完毕后，由用户取走纸带和运算结果，再让下一用户操作。人工管理阶段数据管理的特点是数据不进行长期保存；没有专门的数据管理软件；数据只对应于一个应用程序，应用程序中的数据无法被其他程序利用，无法实现数据的共享，存在数据冗余；数据不具有独立性。人工管理阶段应用程序与数据之间的对应关系如图 1.2 所示。

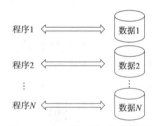

图 1.2　人工管理阶段应用程序与数据之间的对应关系

1.2.2　文件系统阶段

20 世纪 50 年代后期到 60 年代中期，计算机不但用于科学计算，还应用于数据管理。外存有了磁盘、磁鼓等直接存取设备，软件方面出现了高级语言和操作系统。数据管理已不再采用人工管理方式，而是使用操作系统提供的专门管理数据的软件（一般称为文件系统）来管理。

文件系统阶段的特点是数据和程序之间有了一定的独立性，数据文件可以长期保存在磁盘上多次存取；数据还是面向应用程序的，文件系统提供数据与程序之间的存取方法；数据的存取在很大程度上仍依赖于应用程序，不同程序很难共享同一个数据文件；数据的独立性差，冗余量大。文件系统阶段应用程序与数据之间的对应关系如图 1.3 所示。

1.2.3　数据库系统阶段

20 世纪 60 年代后期以来，计算机用于数据管理的任务更加繁重，应用也越来越广泛，数据量急剧增加，用户对数据共享的要求也越来越强烈。文件系统的数据管理方法已经无法适应开发应用系统的需要。为了实现计算机对数据的统一管理，达到数据共享的目的，数据库技术便应运而生，出现了管理数据的专门软件，即数据库管理系统。

在这一时期，数据库的应用越来越广泛，成为信息系统开发不可缺少的工具。同时，以关系模型为中心的关系数据库的基础理论研究不断发展，为关系数据库的形成奠定了基础，已开始出现较为完善的关系数据库系统。

这一时期，大量商品化的关系数据库系统问世，并得到广泛应用，既有适用于大型机的系统，也有适用于小型机和微型机的系统，数据库技术的应用深入人们生活的各个领域。关系数据库技术已经十分成熟，因而数据库技术的研究已经开始转向新的应用领域所提出的新的要求。这期间最重要的发展是分布式数据库技术和面向对象的数据库技术的产生。数据库系统阶段应用程序与数据之间的对应关系如图 1.4 所示。

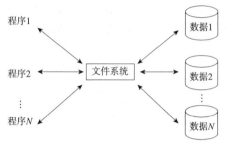

图 1.3　文件系统阶段应用程序与
数据之间的对应关系

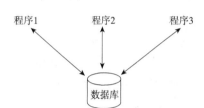

图 1.4　数据库系统阶段应用程序与数
据之间的对应关系

1.2.4　分布式数据库系统和面向对象数据库系统

1. 分布式数据库系统

分布式数据库系统是数据库技术与计算机网络技术结合的产物。网络技术的发展为数据库提供了分布式的运行环境，从"主机—终端"系统结构发展到"客户 / 服务器"（Client/Server）系统结构，进而发展到"浏览器 / 服务器"（Browser/Server）系统结构。图 1.5 为分布式数据库示意图。

2. 面向对象数据库系统

面向对象是一种认识和描述事物的方法论。面向

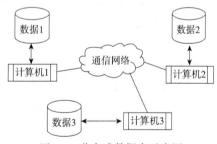

图 1.5　分布式数据库示意图

对象的程序设计是 20 世纪引入计算机科学技术领域的一种新的程序设计技术和范型。它的发展十分迅速，成为当前软件开发的主要方法。面向对象数据库是数据库技术与面向对象程序设计相结合的产物，是面向对象的方法在数据库领域的应用。

1.2.5　数据库技术的发展趋势

数据、计算机硬件和数据库应用推动着数据库技术与系统的发展。数据库要管理的数据的复杂度和数据量都在迅速增长；计算机硬件平台的发展仍然实践着摩尔定律；数据库应用迅速向深度、广度扩展。尤其是互联网的出现，极大地改变了数据库的应用环境，向数据库领域提出了前所未有的技术挑战。这些因素的变化推动着数据库技术的进步，出现了一批新的数据库

技术，如 Web 数据库技术、并行数据库技术、数据仓库与联机分析技术、数据挖掘技术、内容管理技术、海量数据管理技术等。

1. Web 数据库技术

Web 数据库是数据库技术与 Web 技术相互融合的产物。Web 数据库通常是指在互联网中以 Web 查询接口方式访问的数据库资源，其后台采用数据库管理系统存储数据信息对外提供包含表单的 Web 页面作为访问接口，查询结果也以 Web 页面的形式返给用户。

2. 并行数据库技术

并行数据库技术包括对数据库的分区管理和并行查询。它通过将一个数据库任务分割成多个子任务的方法由多个处理机协同完成这个任务，从而极大地提高事务处理能力，并且通过数据分区可以实现数据的并行 I/O 操作。

3. 数据仓库与联机分析技术

所谓数据仓库（Data Warehouse，DW），就是按决策目标将传统的事务型数据库中的数据重新组织划分，由此组成一种面向主题的、集成的、稳定的及随时间发展的数据集合。数据仓库与传统数据库的区别在于存储的数据容量大，存储的数据时间跨度大，存储的数据来源复杂，可用于企业与组织的决策分析处理等。数据仓库系统（DWS）由数据仓库、仓库管理和分析工具三部分组成。联机分析处理（On-Line Analytical Processing，OLAP）是数据仓库系统的主要应用，支持复杂的分析操作，侧重决策支持，并提供直观易懂的查询结果。

4. 数据挖掘技术

所谓数据挖掘（Data Mining，DM），就是从大型数据库或数据仓库的数据中提取人们感兴趣的、隐含的、事先未知的、潜在的知识。数据挖掘方法的提出使人们有能力从过去若干年时间里积累的、海量的、以不同的形式存储的、十分繁杂的数据资料中认识数据的真正价值。

5. 大数据技术

大数据（Big Data）是规模非常巨大和复杂的数据集，传统数据库管理工具处理起来面临很多困难，如对数据库高并发读 / 写的需求、对海量数据的高效率存储和访问的需求、对数据库高可扩展性和高可用性的需求。大数据有 4 个基本特征：数据规模大（Volume）、数据种类多（Variety）、要求数据处理速度快（Velocity）、数据价值密度低（Value），即所谓的 4V 特性。这些特性使得大数据区别于传统的数据概念。大数据的概念与海量数据不同，后者只强调数据的量，而大数据不仅用来描述大量的数据，还更进一步指出数据的复杂形式、数据的快速时间特性以及对数据分析处理后最终获得有价值信息的能力。

大数据处理技术就是从各种类型的数据中快速获得有价值信息的技术。大数据本质也是数据，其关键技术包括大数据存储与管理、大数据分析与挖掘、大数据展现与应用等。围绕大数据，一批新兴的数据挖掘、数据存储、数据处理与分析技术不断涌现，使得人们能够将隐藏于海量数据中的信息和知识挖掘出来，从而为人类的社会经济活动提供决策依据。大数据将在商业智能、政府决策、公共服务等领域得到广泛应用。

 1.3　数据库系统

数据库系统是一个计算机应用系统，它是把有关计算机硬件、软件、数据和相关人员组合

起来为用户提供信息服务的系统，如图 1.6 所示。

1.3.1　数据库系统的组成

通常，一个数据库系统包括以下 4 个主要部分：数据库、相关人员以及计算机的硬件和软件系统。

1. 数据库

数据库是指数据库系统中按照一定的方式组织的、存储在外部存储设备上的、能被多个用户共享的、与应用程序相互独立的相关数据集合。它不仅包括描述事物的数据本身，还包括相关事物之间的联系。

数据库中的数据往往不是像文件系统那样只面向某一项特定应用，而是面向多种应用，可以被多个用户、多个应用程序共享。其数据结构独立于使用数据

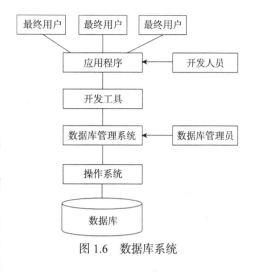

图 1.6　数据库系统

的应用程序，对于数据的增加、删除、修改和检索由数据库管理系统进行统一管理和控制，用户对数据库进行的各种操作都是由数据库管理系统实现的。

2. 相关人员

数据库系统的相关人员主要有 3 类，即最终用户（End User)、数据库应用系统开发人员和数据库管理员（Data Base Adminstrator，DBA）。

最终用户指通过应用程序界面使用数据库的人员，他们一般对数据库知识了解较少。

数据库应用系统开发人员包括系统分析员、系统设计员和程序员。系统分析员负责应用系统的分析，他们和最终用户、数据库管理员相配合，参与系统分析；系统设计员负责应用系统设计和数据库设计；程序员则根据设计要求进行编码。

数据库管理员是数据管理机构的一组人员，他们负责对整个数据库系统进行总体控制和维护，以保证数据库系统的正常运行。

3. 计算机硬件系统

计算机硬件系统是数据库系统的物质基础，是存储数据库及运行相关软件的硬件设备，主要包括中央处理器（CPU）、存储设备、输入 / 输出设备及计算机网络环境。

4. 计算机软件系统

计算机软件系统包括操作系统、数据库管理系统、系统开发工具及数据库应用程序等。

1）操作系统

操作系统是所有软件的核心和基础，是其他软件运行的环境和平台。在计算机硬件层之上，由操作系统统一管理计算机的资源。

2）数据库管理系统

数据库管理系统（Database Management System，DBMS）在操作系统的支持下工作，是数据库系统的核心软件。常见的数据库管理系统有 Access、Visual FoxPro、SQL Server、Oracle、Sybase 等。

数据库管理系统是用户与数据库的接口，它可以实现数据的组织、存储和管理，提供访问数据库的方法，包括数据库的建立、查询、更新及各种数据控制等。数据库管理系统具有以下几个方面的功能：

（1）数据定义功能。数据库管理系统提供数据定义语言（Data Definition Language，

DDL），通过它可以方便地对数据库中的数据对象进行定义。

（2）数据操纵功能。数据库管理系统提供数据操纵语言（Data Manipulation Language，DML），使用它可以实现对数据库中数据的基本操作，如修改、插入、删除和查询等。

（3）数据库运行管理功能。数据库管理系统通过对数据库进行控制来适应共享数据的环境，确保数据库数据的正确有效和数据库系统的正常运行，对数据库的控制主要通过 4 个方面实现：

① 数据的安全性控制。数据的安全性控制是指防止非法使用数据库造成的数据泄露、更改或破坏。例如，系统提供口令检查来验证用户身份，以防止非法用户使用系统。另外，还可以对数据的存取权限进行限制，使用户只能按具有的权限对指定的数据进行相应的操作。

② 数据的完整性控制。数据的完整性控制是指防止合法用户在使用数据库时向数据库加入不符合语义的数据，保证数据库中数据的正确性、有效性和相容性。正确性是指数据的合法性，如成绩只能是数值，不能包含字符。有效性是指数据是否在其定义的有效范围，如月份只能用 1 ~ 12 之间的正整数表示。相容性是指表示同一事实的两个数据应相同，否则不相容，如一个人不能有两个性别。

③ 多用户环境下的并发控制。在多用户共享的系统中，多个用户可以同时存取数据库中的数据，甚至可以同时存取数据库中的同一个数据，并发控制负责协调并发事务的执行，保证数据库的完整性不受破坏。

④ 数据的恢复。数据的恢复是指在某种故障引起数据库中的数据不正确或数据丢失时，系统能将数据库从错误状态恢复到最近某一时刻的正确状态。

（4）数据库的建立和维护功能。包括数据库初始数据的载入和转换功能、数据库的备份和恢复功能、数据库的重组织功能以及系统性能监视和分析功能等。

（5）其他功能。例如，数据库管理系统与网络中其他软件系统的通信功能。

3）系统开发工具

数据库系统开发工具是指各种数据库应用程序的编程工具。随着计算机技术的不断发展，各种数据库编程工具也在不断发展。目前，比较常用的数据库系统开发工具有 Visual Basic、C++、C#、Java 等通用程序设计语言。

4）数据库应用程序

数据库应用程序是指系统开发人员利用某种开发工具开发出来的、面向某一类实际应用的软件系统。例如，人事管理系统、教学管理系统、证券实时行情分析系统等。

1.3.2　数据库系统内部的体系结构

为了有效地组织、管理数据，提高数据库的逻辑独立性和物理独立性，人们为数据库设计了一个严谨的结构体系。数据库领域公认的标准结构是三级模式结构及二级映射；三级模式包括外模式、概念模式和内模式，二级映射则分别是外模式到概念模式的映射及概念模式到内模式的映射。这种三级模式与二级映射构成了数据库的体系结构，如图 1.7 所示。

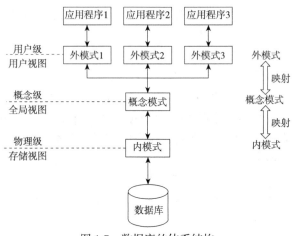

图 1.7　数据库的体系结构

1. 数据库系统的三级模式

模式是数据库中全体数据的逻辑结构和特征的描述，模式与具体的数据值无关，也与具体的应用程序、高级语言以及开发工具无关；模式是数据库数据在逻辑上的视图。数据库的模式是唯一的，数据库模式是以数据模型为基础，综合考虑所有用户的需求，并将这些需求有机地结合成一个逻辑整体。

1）外模式

外模式也称子模式或用户模式，是用户所看到和理解的数据模式，是从概念模式导出的子模式。外模式给出了每个用户的局部数据描述。例如，在本书中使用 Access 设计和创建的"教学管理系统"数据库，就属于外模式。

2）概念模式

概念模式是数据库系统中全局数据逻辑结构的描述，是全体用户公共数据视图。该模式与具体的硬件环境、软件环境及平台无关。概念模式是数据库管理系统（如 Access）生产厂商所采用的模式。

3）内模式

内模式又称物理模式，它给出了物理数据库的存储结构和物理存取方法，如数据存储的文件结构、索引、集簇及存取路径。

作为一般用户，一般只需掌握外模式的使用方法，即如何根据概念模式的要求设计和创建自己的数据库，保存和管理各种数据，进而开发出符合工作或生活需要的数据库应用系统。

2. 三级模式之间的二级映射

在数据库系统中，三级模式是对数据的 3 个级别抽象。为实现在三级模式层次上的联系与转换，数据库管理系统在三级模式之间提供了两级映射功能，这两级映射也保证了数据库系统中的数据具有较高的逻辑独立性和物理独立性。数据的物理组织改变与逻辑概念级的改变相互独立，并不影响用户外模式的改变，只要调整映射方式即可，而不必改变用户模式。

1）外模式到概念模式的映射

数据库中的同一概念模式可以有多个外模式，对于每一个外模式，都存在一个外模式到概念模式的映射，用于定义该外模式和概念模式之间的对应关系。当概念模式发生改变时（如增加新的属性或改变属性的数据类型等），只需要对外模式到概念模式的映射做相应的修改，外模式（数据的局部逻辑结构）保持不变。由于应用程序是依据数据的局部逻辑结构编写的，所以应用程序不必修改，从而保证了数据与应用程序之间的逻辑独立性。

2）概念模式到内模式的映射

数据库中的概念模式和内模式都只有一个，所以概念模式到内模式的映射是唯一的，它确定了数据的全局逻辑结构与存储结构之间的对应关系。当存储结构变化时，概念模式到内模式的映射也应有相应的变化，使其概念模式保持不变，即把存储结构变化的影响限制在概念模式之下，这使得数据的存储结构和存储方法独立于应用程序。通过映射功能保证数据存储结构的变化不影响数据的全局逻辑结构的改变，从而不必修改应用程序，即确保了数据的物理独立性。

1.3.3 数据库系统的特点

数据库系统的出现是计算机数据管理技术的重大进步，它克服了文件系统的缺陷，提供了对数据更高级、更有效的管理。

1. 数据结构化

从总体上讲，传统的文件系统数据是"无结构"的，往往存在大量的重复数据。数据库系统则通过特定的数据模型把整个组织内部的数据结构化了。在这种情况下，可以大大降低数据的冗余度，节省存储空间，减少存取时间和避免数据间的矛盾。

2. 数据的共享程度高

数据库中的数据是面向系统的，而不是面向某个具体程序的。因此，数据库的数据共享程度比文件系统高。实现数据共享是数据库的重要特征。

3. 数据的独立性强

数据库系统比文件系统具有更高的独立性。由于文件系统完全是根据具体应用程序的要求而建立的，所以独立性很差；而在数据库系统中，由于数据结构的定义和组织是单独进行的，与应用程序的编写几乎无关，因此它们的独立性很强。改变数据结构并不一定要修改应用程序；修改应用程序时，也不必修改数据结构。这就为程序的编写及数据的管理提供了极大的方便。

4. 具有统一的数据控制功能

在数据库系统中，数据由数据库管理系统进行统一控制和管理。数据库管理系统提供了一套有效的数据控制手段，包括数据安全性控制、数据完整性控制、数据库的并发控制和数据库的恢复等，增强了多用户环境下数据的安全性和一致性保护。

5. 数据处理更加灵活

文件系统对数据的存取都是以记录为单位的。如果记录很长，而我们只需要其中很少几个字段，那么以记录为单位存取就显得很浪费；而数据库对数据的存取不一定以记录为单位，它可以仅将我们所需要的字段取出。这就显得很灵活，大大节约了数据处理的时间。

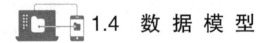

1.4　数　据　模　型

数据库是现实世界中某种应用环境（一个单位或部门）所涉及的数据的集合，它不仅要反映数据本身的内容，而且要反映数据之间的联系。由于计算机不能直接处理现实世界中的具体事物，所以必须将这些具体事物转换成计算机能够处理的数据。在数据库技术中，用数据模型（Data Model）对现实世界中的数据进行抽象和表示。

1.4.1　数据模型的组成要素

一般而言，数据模型是一种形式化描述数据、数据之间的联系及有关语义约束规则的方法。这些规则分为 3 个方面，即描述实体静态特征的数据结构、描述实体动态特征的数据操作规则和描述实体语义要求的数据完整性约束规则。因此，数据结构、数据操作及数据的完整性约束也被称为数据模型的 3 个组成要素。

1. 数据结构

数据结构研究数据之间的组织形式（数据的逻辑结构）、数据的存储形式（数据的物理结构）及数据对象的类型等。存储在数据库中的数据对象类型的集合是数据库的组成部分。例如，在教学管理系统中要管理的数据对象有学生、课程、选课成绩等，在课程对象中，每门课程包括课程编号、课程名称和学分等信息，这些基本信息描述了每门课程的特性，构成了在数据库中存储的框架，即对象类型。

数据结构用于描述系统的静态特性，是刻画一个数据模型性质最重要的方面。因此，在数据库系统中，通常按照其数据结构的类型来命名数据模型。例如，将层次结构、网状结构和关系结构的数据模型分别命名为层次模型、网状模型和关系模型。

2. 数据操作

数据操作用于描述系统的动态特性，是指对数据库中的各种数据所允许执行的操作的集合，包括操作及有关的操作规则。数据库主要有查询和更新（包括插入、删除和修改等）两大类操作。数据模型必须定义这些操作的确切含义、操作符号、操作规则（如优先级）及实现操作的语言。

3. 数据的完整性约束

数据的完整性约束是一组完整性规则的集合。完整性规则是给定的数据模型中数据及其联系所具有的约束和依存规则，用于限定符合数据模型的数据库状态及状态的变化，以保证数据的正确、有效和相容。

数据模型应该反映和规定数据必须遵守的完整性约束。此外，数据模型还应该提供定义完整性约束条件的机制，以反映具体涉及的数据必须遵守的、特定的语义约束条件。例如，"学生选课"信息中的"性别"的值只能为"男"或"女"，"学生选课"信息中的"课程"编号的值必须取自学校已开设课程的课程编号等。

1.4.2　概念模型

要实现计算机对现实世界中各种信息的自动化、高效化的处理，首先必须建立能够存储和管理现实世界中信息的数据库系统。数据模型是数据库系统的核心和基础。任何一种数据库系统，都必须建立在一定的数据模型之上。

由于现实世界的复杂性，不可能直接从现实世界中建立数据模型，而首先要把现实世界抽象为信息世界，并建立信息世界中的数据模型；然后再进一步把信息世界中的数据模型转化为可以在计算机中实现的、最终支持数据库系统的数据模型。信息世界中的数据模型又称概念模型。

概念模型是对客观事物及其联系的抽象，用于信息世界的建模。这类模型简单、清晰、易于被用户理解，是用户和数据库设计人员之间进行交流的语言，这种信息结构并不依赖于具体的计算机系统，不是某一个 DBMS 支持的数据模型，而是概念级的模型。

概念模型主要用来描述世界的概念化结构，它使数据库的设计人员在设计的初始阶段，摆脱计算机系统及 DBMS 的具体技术问题，集中精力分析数据以及数据之间的联系等，与具体的数据管理系统无关。概念数据模型必须换成逻辑数据模型，才能在 DBMS 中实现。

概念模型中主要有以下几个基本术语：

1. 实体与实体集

实体是现实世界中可区别于其他对象的"事件"或物体。实体可以是人，也可以是物；可以指实际的对象，也可以指某概念；还可以指事物与事物间的联系。例如，学生就是一个实体。

实体集是具有相同类型及共享相同性质（属性）的实体集合。如全班学生就是一个实体集。

2. 属性

实体通过一组属性来描述。属性是实体集中每个成员所具有的描述性性质。将一个属性赋予某实体集，表明数据库为实体集中每个实体存储相似信息，但每个实体在每个属性上都有各自的值。一个实体可以由若干个属性来刻画，如学生实体有学号、姓名、年龄、性别和班级等属性。每个实体的每个属性都有一个值，例如，某个特定的 student 实体，其学号是201800005001，姓名是张晓红，年龄是 18，性别是女。

3. 关键字和域

实体的某一属性或属性组合，其值能唯一标识出某一实体，称为关键字，也称码。例如，学号是学生实体集的关键字，由于姓名有相同的可能，故不应作为关键字。

每个属性都有一个可取值的集合，称为该属性的域，或者该属性的值集。例如，姓名的域为字符串集合，性别的域为"男"和"女"。

4. 联系

现实世界的事物之间总是存在某种联系，这种联系可以在信息世界中加以反映。一般存在两种类型的联系：一是实体内部的联系，如组成实体的属性之间的联系；二是实体与实体之间的联系。

两个实体之间的联系又可以分为如下 3 类：

（1）一对一联系（1∶1）。例如，一个学校有一个校长，而每个校长只能在一个学校任职。这样学校和校长之间就具有一对一的联系。

（2）一对多联系（1∶n）。例如，一个班有多个学生，而每个学生只可以属于一个班，因此，在班级和学生之间就形成了一对多的联系。

（3）多对多的联系（m∶n）。例如，学校中的学生与课程之间就存在多对多的联系。每个学生可以选修多门课程，而每门课程也可以供多个学生选修。这种关系可以有多种处理方法。

5. 用 E-R 方法表示概念模型

概念模型的表示方法很多，其中最著名、最实用的概念模型设计方法是 1976 年提出的"实体 - 联系数据模型"（Entity-Relationship Approach），简称 E-R 模型或 E-R 图。E-R 模型问世以后，经历了很多修改和扩充。

在 E-R 模型中，实体用矩形来表达，属性用椭圆来表达，联系用菱形来表达，在各自内部写明实体名、属性名和联系名，并用无向边连接相关的对象。

E-R 模型是抽象和描述现实世界的有力工具，用 E-R 模型表示的概念模型与具体的 DBMS 所支持的数据模型相互独立，是各种数据模型产生的基础，所以 E-R 模型更接近现实世界。

图 1.8 所示是 E-R 图的一个实例。其中，教师和课程是两个实体，教师具有教师姓名和年龄属性，课程具有课程号、课程名和学时数属性，任课是教师和课程间的关系，教师和课程之间是多对多的关系。

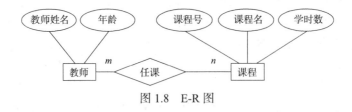

图 1.8　E-R 图

1.4.3　逻辑数据模型

数据库中的数据是结构化的，这是按某种数据模型来组织的。当前流行的逻辑数据模型有 3 类：层次模型、网状模型和关系模型。它们之间的根本区别在于数据之间的联系的表示方式不同。层次模型是用树结构来表示数据之间的联系；网状模型是用图结构来表示数据之间的联系；关系模型是用二维表来表示数据之间的联系。

层次模型和网状模型是早期的数据模型，通常把它们统称为格式化数据模型，因为它们是属于以"图论"为基础的表示方法。

按照这 3 类数据模型设计和实现的 DBMS 分别称为层次 DBMS、网状 DBMS 和关系 DBMS，相应地存在有层次数据库系统、网状数据库系统和关系数据库系统等简称。下面分别对这 3 种数据模型进行简单介绍。

1. 层次模型

层次模型是数据库系统最早使用的一种模型，它的数据结构是一棵有向树。层次模型具有如下特征：

（1）有且仅有一个结点没有双亲，该结点是根结点。

（2）其他结点有且仅有一个双亲。

在层次模型中，每个结点描述一个实体型，称为记录类型。一个记录类型可有许多记录值，简称记录。结点间的有向边表示记录之间的联系。如果要存取某一记录类型的记录，可以从根结点起，按照有向树层次逐层向下查找。查找路径就是存取路径，如图 1.9 所示。

层次模型结构清晰，各结点之间联系简单，只要知道每个结点的（除根结点以外）双亲结点，就可以得到整个模型结构，因此，画层次模型时可用无向边代替有向边。用层次模型模拟现实世界具有层次结构的事物及其之间的联系是很自然的选择方式，如表示"行政层次结构""家族关系"等是很方便的。

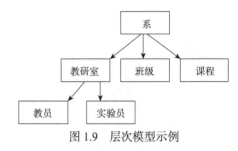

图 1.9　层次模型示例

层次模型的缺点是不能表示两个以上实体型之间的复杂联系和实体型之间的多对多联系。

2. 网状模型

如果取消层次模型的两个限制，即两个或两个以上的结点都可以有多个双亲，则"有向树"就变成了"有向图"。"有向图"结构描述了网状模型。网状模型具有如下特征：

（1）可有一个以上的结点没有双亲。

（2）至少有一个结点可以有多于一个双亲。

网状模型和层次模型在本质上是一样的。从逻辑上看，它们都是基本层次联系的集合，用结点表示实体，用有向边（箭头）表示实体间的联系；从物理上看，它们每一个结点都是一个存储记录，用链接指针来实现记录间的联系。当存储数据时这些指针就固定下来了，数据检索时必须考虑存取路径问题；数据更新时，涉及链接指针的调整，缺乏灵活性，系统扩充相当麻烦。网状模型中的指针更多，纵横交错，从而使数据结构更加复杂，如图 1.10 所示。

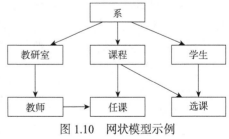

图 1.10　网状模型示例

3. 关系模型

用二维表表示实体以及实体之间联系的模型称为关系模型。关系模型是以关系数学理论为基础的。关系模型是数学领域的专家、学者总结了层次模型和网状模型设计和使用中的经验教训，并借助于近代数学工具而提出的。它有效地、较为圆满地解决了过去出现的种种问题，提出了一整套定义、概念、公理、定理、推论及各种实用算法，巧妙地把抽象的数学理论与具体的实际问题结合起来，理论上十分严密并且非常实用。它不仅对数据库领域的发展起到巨大的推动作用，而且对整个计算机领域的发展也有很大的影响。

表 1.1 是一个学生关系，学生关系的每一行代表一个学生实体，每一列代表学生实体的一个属性。

表 1.1　学 生 关 系

学　号	姓　名	性　别	入校时间	政治面貌	所属院系
201900000001	杨 晋	男	2019-09-01	团员	0001
201900000002	陈乐民	男	2019-09-01	团员	0001
201900000003	许 诚	男	2019-09-01	党员	0002
201900000004	石冰清	女	2019-09-01	团员	0003
201900000005	李 季	男	2019-09-01	群众	0003
201900000006	咸明月	女	2019-09-01	群众	0003
201900000007	马晓燕	女	2019-09-01	团员	0004

1）元组

一维表格的每一行在关系中称为元组（Tuple），相当于表的一条记录（Record）。二维表格的每一行描述了现实世界中的一个实体。例如，在表 1.1 中，每一行描述了一个学生的基本信息，共包含 7 名学生的信息，即 7 个元组。

2）属性

一维表格的每一列在关系中称为属性（Attribute），相当于记录中的一个字段（Field）或数据项。每个属性有一个属性名，一个属性在其每个元组上的值称为属性值，因此，一个属性包括多个属性值，只有在指定元组的情况下属性值才是确定的。同时，每个属性都有一定的取值范围，称为该属性的值域。例如表 1.1 中的第 3 列，属性名是"性别"，取值是"男"或"女"，不是"男"或"女"的数据不能存入该表，这就是数据约束条件。同样，在关系数据库中，列是不能重复的，即关系的属性名不允许相同。属性必须是不可再分的，即属性是一个基本的数据项，不能是几个数据项的组合。

3）关系模式

关系模型是由若干个关系组成的，关系用关系模式（Relational Schema）来描述。关系模式相当于前面提到的实体类型，它代表了关系的结构，也就是二维表格的框架（表头）。对于学生关系可以表示为学生（学号，姓名，性别，入校时间，政治面貌，所属院系）。

4）关键字

关系中能唯一区分、确定不同元组的单个属性或属性组合称为该关系的一个关键字。关键字又称键或码（Key）。单个属性组成的关键字称为单关键字，多个属性组合的关键字称为组合关键字。需要强调的是，关键字的属性值不能取空值，因为空值无法唯一地区分、确定元组。所谓空值，就是"不知道"或"不确定"的值，通常记为 Null。

在表 1.1 所示的学生关系中，"性别"属性无疑不能充当关键字，"入校时间"属性也不能充当关键字，从该关系现有的数据分析，"学号"和"姓名"属性均可单独作为关键字，但"学号"属性作为关键字会更好一些，因为可能会有学生重名的现象，而学生的学号是不会相同的。这也说明，某个属性能否作为关键字，不能仅凭对现有数据进行归纳确定，还应根据该属性的取值范围进行分析判断。

关系中能够作为关键字的属性或属性组合可能不是唯一的。在关系中能够唯一区分、确定不同元组的属性或属性组合称为候选关键字（Candidate Key）。例如，在学生关系中的"学号"和"姓名"属性都是候选关键字（假定没有重名的学生）。

在候选关键字中选定一个作为关键字，称为该关系的主关键字或主键（Primary Key）。在关系中，主关键字的取值是唯一的。

5）外部关键字

如果关系中某个属性或属性组合并非本关系的关键字，却是另一个关系的关键字，则称这样的属性或属性组合为本关系的外部关键字或外键（Foreign Key）。

在关系数据库中，用外部关键字表示两个表之间的联系。例如，在表 1.1 所示的学生关系中，"所属院系"属性表示为院系编号，而院系编号通常会作为院系关系的主要关键字，所以它就是学生关系的外部关键字，描述了学生和院系两个实体之间的联系。

关系模型既能很好地反映现实世界，又能很容易地在计算机中表示，目前的数据库管理系统几乎都支持关系模型。本书介绍的 Access 2016 就是一种典型的关系数据库管理系统。

1.5　关系数据库

关系数据库就是采用关系模型描述的数据库。直观地讲，这里的"关系"是一个二维表格，而从关系数据库原理的角度，"关系"是一个严格的集合论术语，由此形成了关系数据库的理论基础。正因为关系数据库有严格的理论作为指导，且为用户提供了较为全面的操作支持，所以关系数据库成为当今数据库应用的主流。

1.5.1　关系的数学定义

在关系模型中，数据是以二维表格的形式存在的，这是一种非形式化的定义。关系模型是以集合代数理论为基础的，因此可以从集合论角度给出关系的形式化定义。

1. 关系的特点

关系模型看起来简单，但是绝不能把日常使用的各种表作为关系直接存放到数据库中。关系模型中的关系（表），必须具备下列特点：

（1）关系必须规范化。关系的规范条件很多，但最基本的条件是关系的每个属性（即列）必须是不可再细分的数据项，也就是说，表中不允许再包含表。

（2）在一个关系中，不能出现相同的属性名。

（3）关系中不能有完全相同的元组（不能有冗余）。

（4）在一个关系中，元组的次序无关紧要。

（5）在一个关系中，列的次序也无关紧要。

即在关系中可以任意交换两行、两列的次序。

2. 关系的集合表示

利用集合论的观点，关系是元组的集合，每个元组包含的属性数目相同，其中属性的个数称为元组的维数。通常，元组用圆括号括起来的属性值表示，属性值间用逗号隔开，例如（T1，李美丽，女）表示一个元组，其维数为 3，是三元组。

设 A_1、A_2、$\cdots$、A_n 是关系 R 的属性，通常用 $R(A_1, A_2, \cdots, A_n)$ 来表示这个关系的一个框架，也称为 R 的关系模式。属性的名字唯一，属性 A_i 的取值范围 D_i（$i = 1, 2, \cdots, n$）称为值域。

将关系与二维表格进行比较，可以看出两者存在简单的对应关系，关系模式对应一个二维表的表头，而关系的一个元组就是二维表格的一行，所有元组组成的集合就是二维表格的内容。在很多时候，甚至不加区别地使用这两个概念。例如，职工关系（编号，姓名，性别）={(T1，李美丽，女)，（T2，张南，男），（T3，王强东，男），（T4，马小玲，女），（T5，于敏，女）}，相应的二维表格表示形式如表 1.2 所示。

表 1.2　职工关系的二维表格表示形式

编　号	姓　名	性　别
T1	李美丽	女
T2	张　南	男
T3	王强东	男
T4	马小玲	女
T5	于　敏	女

1.5.2　关系运算

对关系数据库进行查询时，要找到用户所需要的数据就必须进行关系运算。关系运算有 3 种：选择运算、投影运算和连接运算。

1. 选择

选择（Select）是指从关系中找出满足给定条件的元组，组成新的关系的运算。选择是从行的角度进行的运算。例如，从学生表中选择某专业的同学记录。

2. 投影

投影（Project）是指从关系中指定若干个属性，组成新的关系的运算。投影是从列的角度进行的运算，例如在学生表中只列出各学生的姓名和专业字段。

3. 连接

连接（Join）是指将两个关系模式横向连接成一个新的关系模式的运算。新关系中包含满足连接条件的元组。连接的条件一般通过共同字段来实现。例如，按照学号相等的条件将"学生表"和"成绩表"连接成一个新的表。新表中包含的字段来自连接的两个表。

1.5.3　关系完整性

关系完整性是指保证数据库中数据正确的特性。完整性控制的主要目的在于防止不正确的数据进入数据库。

关系模型中有 3 类完整性规则，分别是实体完整性规则、参照完整性规则和域完整性规则。其中实体完整性和参照完整性是关系模型必须满足的完整性约束条件，应该由关系系统自动支持，而域完整性规则是由用户自己定义的，因此也称"用户定义完整性"。

1. 实体完整性规则

实体完整性规则要求表中的主键不能取空值（Null）或重复的值。因为空值毫无意义，重复值则破坏了记录的唯一性。因此，对于每一个表，一般都需要建立主键，以保证实体完整性。例如，在学生表中，设置"学号"字段为"主键"，因为每名学生都有唯一的学号，学生的姓名可以相同，但学号不会相同。

实体完整性属于记录级的完整性。

2. 参照完整性规则

参照完整性是指当插入、更新和删除一个表中的数据时，需要参照引用另一个表中的数据，借以检查数据操作是否正确。例如，在"教学管理系统"数据库中，有学生表、成绩表和课程表，它们之间有一对多的联系。当在"成绩表"中插入记录时，须检查在"学生表"和"课程表"中相关的记录是否存在，若不存在则禁止插入该记录，从而可以保证数据的正确性。

因参照完整性属于表间操作规则，且与表的"关系"有关，因此在 Access 中为了建立参照完整性，必须首先建立表之间的"关系"，然后才可以设置参照完整性规则。

3. 域完整性规则

域完整性是指限制表中字段取值的有效性规则。例如，在创建表时用户定义字段的类型、大小等都属于域完整性的范畴。除此之外，Access 还在表设计视图提供了"有效性规则"等属性来进一步保证域的完整性。域完整性需要在设计表的结构时由用户定义。

域完整性属于字段级的完整性。

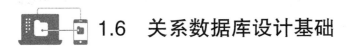

1.6　关系数据库设计基础

数据库设计是指针对一个特定的应用部门或单位，构造合理的数据模型，建立数据库及其应用系统，以满足每个用户的数据处理需求。

1.6.1　数据库设计的内容

概括起来，数据库设计包括两个方面的内容：一是数据库的结构设计；二是数据库应用系统的功能设计。

1. 数据库的结构设计

数据库的结构设计，就是建立一组结构合理的基表，这是整个数据库的数据源。必须合理地规划、有效地组织数据，以便实现高度的数据集成和有效的数据共享。基表应满足关系规范化的原则，尽可能减少数据冗余，保证数据的完整性和一致性。

2. 数据库应用系统的功能设计

系统的功能设计，是在充分进行用户需求分析的基础上来实现的，它包括各种用户操作界面的设计和功能的实现策略。

1.6.2　数据库设计的原则

进行数据库设计时，需要遵循以下主要原则：

1. 概念单一化、"一事一地"的原则

所谓概念单一化、"一事一地"的原则是指让一个关系描述一个概念、一个实体或者实体之间的一种联系。若一个关系中描述的概念、实体、联系多于一个，就应该对其进行"分离"，即用多个关系进行描述。换言之，数据库中应避免出现大而杂的关系，应将不同的信息分散在不同的关系中。这样做的好处在于可以使数据的组织和维护更简单，避免出现大量的数据冗余，同时也易保证用户访问数据库时具有较高的效率。

例如，在"教学管理系统"数据库中，将学生基本信息，包括学号、姓名、专业、出生日

期等保存在"学生表"中，将各门课程的考试成绩的信息保存在"成绩表"中，而不是将这些数据全部放在一个表中。但为了保持两个表之间的联系，它们有共同的字段——"学号"。

2. 避免在表中间出现重复字段

关系之间的联系依靠外部关键字来实现。除了外部关键字之外，应尽量避免在关系中出现重复属性。其目的是使数据冗余尽量减少，同时防止对数据库操作时造成数据的不一致。

例如，在学生表中已经存在的姓名、性别等字段，在成绩表中就不必再出现，而只需保留一个"学号"作为两个表联系的关键字。

3. 表中的字段必须是原始数据和基本数据元素

表中不应该包括通过计算可以得到的属性或多项数据的组合。例如，在"学生表"中，已经有"出生日期"字段，就不必再有"年龄"字段，因为"年龄"可以通过"出生日期"计算出来。

4. 用关键字保证有关联的表之间的联系

表之间的关联依靠关键字来维系，使得表具有合理的结构，不仅存储了所需要的实体信息，而且能反映出实体之间客观存在的联系，最终设计出满足应用需求的关系数据模型。

1.6.3 数据库设计的步骤

1. 进行需求分析

了解用户需求，确定数据库应保存哪些信息，主要包括以下 3 个方面：

1）信息需求

信息需求是用户需要从数据库中得到的信息内容。例如，需要查询哪些信息？打印什么报表？

2）处理需求

处理需求是对数据需要完成的处理功能及方式，定义了系统数据处理的操作，应注意操作执行的场合、频率，操作对数据的影响等。

3）安全性及完整性要求

在定义信息需求和处理需求的同时必须注意安全性、完整性的约束。

在进行需求分析时应该与用户充分交流，细致耐心地了解业务处理流程，尽可能收集所有基础资料，如报表、合同、档案、原始单据等。

2. 确定需要的表

1）概念模型设计

经过需求分析得到数据库的数据组成及功能要求后，需要将其抽象成概念模型，可以用 E-R 图表示。

2）E-R 图转换为表

Access 的关系数据模型是用若干个二维表（即关系）描述各个实体型及其联系的，在转换过程中遵循"一事一地"原则：

（1）一个实体型转换成一个关系模式。

（2）一个 1∶1 联系可以转换为一个独立的关系模式，也可与任意一端对应的关系模式合并。

（3）一个 1∶n 联系可以转换为一个独立的关系模式，也可与 n 端对应的关系模式合并。

（4）一个 m∶n 联系转换为一个关系模式。

3. 确定所需字段和主键

确定每个表中需要保存哪些字段，字段应包括实体的主要属性。确定字段时要同时确定字段的 3 个要素，即字段名、数据类型、字段属性。

关系数据库管理系统能够迅速查找存储在多个独立表中的数据并组合这些信息。要求每个表都必须有一个或一组字段可用来唯一确定存储在表中的每个记录，即主关键字。因此需要确定每个表的主关键字。

4. 确定联系

对每个表进行分析，并确定一个表中的数据和其他表中的数据有何联系。必要时，可以在表中加入一个字段或通过创建一个新表来建立联系。一般是通过主关键字和外部关键字建立联系的。

1.6.4 "教学管理系统"数据库设计案例

1. 需求分析

本系统的开发目标是教学信息的组织和管理，还能提供教师和学生信息查询、学生成绩查询等功能。按照规定，每名学生可同时选修多门课程，每门课程可由多位教师讲授，每位教师可讲授多门课程，同时规定由各个学院对教师实行聘任。

2. 确定需要的表

（1）按照需求分析得到的数据库的数据组成及功能要求，接下来将其抽象成概念模型，并用图 1.11 所示的 E-R 图表示。

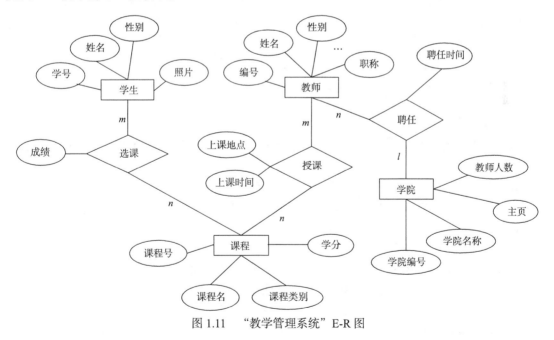

图 1.11　"教学管理系统"E-R 图

（2）将系统中所包含的 4 个实体（各个实体以及联系的属性不一定全部列出，且不一定与最终关系中所表现的字段内容一致）转换为关系。

（3）分析该系统中的实体之间涉及的联系，分别为一个 1∶n 联系和两个 $m∶n$ 联系，具体内容如下：

① 学院与教师的联系是一对多联系（$1:n$）。

② 学生与课程的联系是多对多联系（$m:n$）。

③ 教师与课程的联系是多对多联系（$m:n$）。

（4）按照概念单一化、"一事一地"的原则，将 $1:n$ 联系与 n 端对应的教师关系合并，将两个 $m:n$ 联系转换为单独的关系模式，所以该系统中的 4 个实体及两个 $m:n$ 联系可转换成 6 个表，分别为"学生"表、"课程"表、"选课"表、"教师"表、"授课"表和"学院"表。

3. 确定表的字段

为了准确、全面地表达各实体及其联系的属性，需要认真分析设计表的结构，确定表的字段及主要属性，即确定每个字段的字段名、类型和大小等。

Access 数据表是由若干字段描述的，对应于各实体或联系的属性，在确定表的字段的过程中，注意以下原则：

（1）确保每个字段能够直接描述该表对应的实体型。

（2）确保同一个表中的字段不重复

（3）确保每个字段是最小逻辑存储单元，不能是多项数据的组合。

基于以上原则，确定"教学管理系统"数据库中的 6 个表的各字段，如表 1.3 所示。

表 1.3 "教学管理系统"数据库表及字段

"教师"表	"学生"表	"课程"表	"选课"表	"授课"表	"学院"表
教师编号	学　号	课程编号	学　号	教师编号	学院编号
姓　名	姓　名	课程名称	课程编号	课程编号	学院名称
性　别	性　别	学　分	平时成绩	授课时间	主　页
聘任时间	出生日期		考试成绩	授课地点	教师人数
学　历	团员否		总评成绩		
职　称	简　历				
所属学院	照　片				

4. 确定主键

在一个表中确定主键，一是为了保证实体的完整性，即主键的值不允许是空值或重复值；二是为了在不同的表之间建立联系。

按此要求及设计需要，将此系统各关系的结构和主键表示如下：

学生（学号，姓名，性别，出生日期，团员否，简历，照片）；

课程（课程编号，课程名称，学分）；

选课（学号，课程编号，平时成绩，考试成绩，总评成绩）；

教师（教师编号，姓名，性别，聘任时间，学历，职称，所属学院）；

授课（教师编号，课程编号，授课时间，授课地点）；

学院（学院编号，学院名称，主页，教师人数）。

5. 确定表间关系

实现多个表中数据的组合需要用到表间的关系，因此，在设计阶段，表间关系的分析也是必不可少的步骤。在 Access 中，表间关系通过主键和外部关键字来体现。

分析"教学管理系统"数据库的表，6 个表之间存在一定联系，它们组成了教学管理的关系数据库模型，如图 1.12 所示。

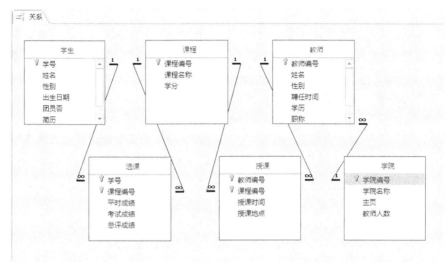

图 1.12　"教学管理系统"表间关系

其中，"学生"表和"课程"表与"选课"表之间分别是一对多的关系；"教师"表和"课程"表与"授课"表之间分别是一对多的关系；"学院"表和"教师"表之间是一对多的关系。在现实生活中学生、教师与课程之间是多对多（$m:n$）的关系，被"选课"表和"授课"表拆分成多个一对多的关系。

至此，完成了"教学管理系统"数据库的设计。

习　　题

一、思考题

1. 试述数据库、数据库系统和数据库管理系统概念的内涵。

2. 数据库中的数据是共享的，会有何优缺点？

3. 什么是数据独立性？在数据库系统中如何保证数据的独立性？

4. 试述数据库系统的内部结构。

5. 为什么需要概念模型？

6. 什么是数据模型？常用的数据模型用哪几种？

7. 关系数据库中，关系的特点是什么？

8. 关系模型的数据完整性指的是什么？

9. 简述数据库设计的步骤。

二、操作题

1. 根据微信好友信息创建"微信好友数据库管理系统"的关系数据模型，列出所有的关系模式，画出 E-R 图。

2. 为本班设计一个"班级管理数据库系统"的关系模型，列出所有的关系模式，画出 E-R 图。

3. 利用"联系人"模板建立数据库，查看所有的对象及设计效果。

4. 医院住院病人管理系统主要实现入院、住院到出院的一体化信息管理，涉及科室信息、床位信息、住院病人等多个实体。根据下面的描述创建住院病人实体 E-R 图、科室实体 E-R 图、病床实体 E-R 图。

（1）该系统将记录所有的住院病人信息，在进行入院、出院等操作时，将直接引用该住院病人的实体属性。住院病人实体包括住院病人编号、姓名、性别、民族、电话、身份证号码、联系人、联系人电话、住院科室、主治医生等属性。

（2）不同的科室可以为医院提供不同类别的疾病治疗，在科室信息中将引用科室的实体属性。科室实体包括编号、名称、简称、病房所在地址、电话、科室主任、床位数量属性。

（3）病床信息是该系统中的基本信息，系统将维护病床的日常使用状态。病床实体包括编号、适用性别、是否空闲、当前病人编号、所属科室、床位主管医生等属性。

第2章
数据库和表

Access 数据库的主要功能是利用表、查询、窗体、报表、宏、模块这 6 个数据库对象实现的。表作为 Access 对象之一，主要用来存储数据，同时可为数据库中的其他对象如查询、窗体、报表等提供数据源。

2.1 Access 2016 数据库

2.1.1 Access 2016 的启动和退出

单击"开始"菜单，单击"所有程序""Microsoft Office 2016"→"Office Access 2016"命令，单击即可启动 Access 2016。

关闭 Access 2016 和其他应用程序的方法一样，可以直接单击窗口右上角的"关闭"按钮，或者使用快捷键 Alt+F4。

Access 2016 提供了两种常用的数据库创建方法：一是利用"空数据库"选项创建空白数据库，再在其中创建表、查询、窗体、报表等各个对象；二是利用模板创建数据库。

2.1.2 利用"空数据库"选项创建数据库

【例 2.1】创建空数据库"教学管理系统"。

操作步骤如下：

启动 Access 2016，单击"文件"→"新建"命令，打开图 2.1 所示的窗口，选择"空白数据库"选项，打开图 2.2 所示的界面。

在窗口右侧"文件名"文本框中输入"教学管理系统 .accdb"，文本框下显示的是默认的存储路径，如需修改，单击文本框右侧的按钮 选择新的存储路径，否则直接单击下方的"创建"按钮，即可创建该数据库，如图 2.3 所示。

利用该方法创建的数据库中，系统自动创建一个名为"表 1"的表，该表只有一个名为 ID 的字段。

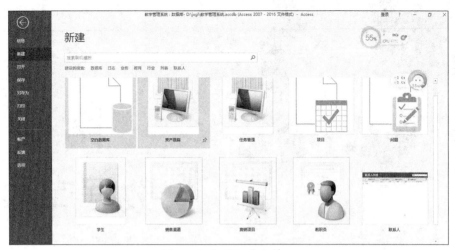

图 2.1 "新建"命令窗口

图 2.2 新建空白数据库

图 2.3 创建的"教学管理系统"数据库

2.1.3 利用模板创建数据库

利用 Access 2016 提供的数据库模板可以快速创建数据库，方法是从数据库提供的模板中找到与所需数据库相近的模板来创建数据库，然后对所建数据库进行修改，使其符合需要。

【例 2.2】使用模板创建数据库"教职员"。

操作步骤如下：

（1）启动 Access 2016，单击"文件"→"新建"命令，在图 2.1 所示的窗口列表中选择第二行的"教职员"选项，打开图 2.4 所示的界面。

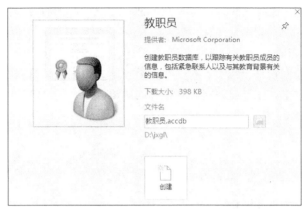

图 2.4　利用"教职员"模板创建数据库

（2）单击窗口右侧"文件名"文本框后的按钮  选择新的存储路径，输入"教职员 .accdb"，单击下方的"创建"按钮，即可创建该数据库，如图 2.5 所示。

图 2.5　创建的"教职员"数据库

利用该方法创建的数据库，系统自动打开数据库中的第一张表"教职员列表"。该数据库中还包含一些对象，如"教职员详细信息""教职员电话列表"等。利用模板创建的数据库所包含的对象，以及每个对象中所包含的内容不一定完全符合需要，因此还要根据需要对其进行修改，直到符合要求。

2.1.4　Access 2016 的工作界面

Access 2016 工作界面由标题栏、功能区、导航窗格、任务区和状态栏组成，如图 2.3 所示。

1．标题栏

窗口最上方为标题栏，标题栏中主要显示应用程序名称和数据库名称。

2．功能区

功能区包括多个选项卡，如"开始"选项卡、"创建"选项卡、"外部数据"选项卡等，每个选项卡包含多个命令，这些命令按组分类存放。双击某个选项卡的名称时，可以将该选项卡的功能区隐藏起来，再次双击时又可以显示出来。功能区中有些区域有下拉按钮 ，单击时可以打开一个下拉菜单，还有一些是指向右下方的箭头 ，单击时可以打开一个用于设置的对话框。

3. 导航窗格和任务区

功能区的下方由左右两部分组成，左边是导航窗格，用来组织数据库中的对象；右边是工作区，是打开的某个对象。在导航窗格中双击不同对象，则这些对象分别以选项卡的形式在任务区打开。

4. 状态栏

窗口最下方一行为状态栏，状态栏左侧显示当前的视图类型；右侧有两个按钮，用于在"数据表视图"和"设计视图"之间进行切换。

2.1.5 Access 2016 数据库的组成对象

单击"创建"选项卡，显示在 Access 2016 数据库中可以创建的对象，如图 2.6 所示。

图 2.6 "创建"选项卡

图中显示 6 个组，第 2 ~ 5 组分别对应一个对象，最后一组包含两个对象。Access 包含 6 类对象，分别是表、查询、窗体、报表、宏和模块，所有这些对象都保存在同一个数据库中。

1. 表

表是数据库的基本对象，是创建其他 5 种对象的基础，主要用于存储数据。为了保证数据的准确性，可设置有效性、掩码等。

2. 查询

查询主要用于提取数据，包括列举、统计、增减删改数据等功能。数据库的主要功能由查询来完成。

3. 窗体

窗体是用户与程序的交互。通过对窗体上控件或菜单的操作，来完成数据的录入、修改和删除等工作，一方面窗体可以增加录入过程的趣味性，另一方面也保护了数据的完整性、准确性和安全性。

4. 报表

报表主要用于展示数据，将数据库中的数据分类汇总，便于打印和分析。

5. 宏

宏用于自动化完成。大部分功能是可以通过宏的组合（即宏组）来完成的，如多步运行的查询，组合成一个宏，最后只需要执行一次宏即可完成所有查询，从而简化了工作。

6. 模块

模块用于自定义函数或个性化工具。用户可根据自己的需要编写程序，模块可使用 Visual Basic 编程。

2.2　创　建　表

Access 数据表包括表结构和表记录两部分，其中表结构描述表的框架，因此，创建表时，首先要构造表的结构，具体来说，就是定义表的各个字段，包括每个字段的名称、数据类型、长度和格式等属性。表结构定义好后再向表中逐条添加记录。

2.2.1　表的字段类型

定义字段时，要确定每个字段所要保存的数据类型。Access 2016 表中的字段可以使用的数据类型如表 2.1 所示。

表 2.1　Access 2016 中字段的数据类型

数据类型	意　义	存储大小
短文本	文本或文本和数字的组合，或不需要计算的数字，如电话号码、学号等	不超过 255 个字符或更少
长文本	超长的文本，用于注释或说明	不超过 1 GB 字符或更少
数字	用于数学计算的数值数据	1、2、4 或 8 字节
日期 / 时间	日期和时间数据，可用于计算	8 字节
货币	货币数据，可用于计算，小数点左边最多为 15 位，右边可精确到 4 位	8 字节
自动编号	Access 为每条记录提供唯一值的数值类型，常用作主码	4 字节
是 / 否	逻辑值：Yes/No、True/False	1 位（0 或 –1）
OLE 对象	源于其他基于 Windows 应用程序的对象链接与嵌入，如 Excel 表格、Word 文档、图片、声音等	最多 1 GB（磁盘空间限制）
超链接	指向 Internet 资源的链接	最多 2 048 个字符
附件	一个特殊字段，可将外部文件附加到 Access 数据库中	因附件而异
查阅向导	显示另一个表中的数据	一般情况下为 4 字节

这些数据类型的具体作用说明如下：

1. 短文本

该类型是默认的字段类型，允许最大 255 个字符或字符和数字的组合，或不需要计算的数字，如电话号码、学号等。

可以在设计表结构时通过设置"字段大小"属性来控制可输入的最大字符长度。文本中包含汉字时，一个汉字也占一个字符。系统只保存输入到字段中的字符，而不保存文本字段中未用位置上的空字符。

2. 长文本

该类型用来保存长度较长的文本及数字，它允许字段能够存储长达 64 000 个字符的内容。通常用于保存注释或说明的内容。

3. 数字

该类型可以用来存储进行算术计算的数字数据，在定义了数字型字段后，用户还可以根据处理的数据范围不同来确定所需的存储类型，这些类型包括字节、整数、长整数、单精度数、双精度数、同步复制 ID、小数。在 Access 中通常默认为双精度数。

4. 日期／时间

该类型用来存储日期、时间或两者的组合，每个日期／时间字段需要 8 个字节的存储空间，该类型可以使用不同的显示格式。

5. 货币

该类型是数字数据类型的特殊类型，等价于具有双精度属性的数字字段类型，也占 8 个字节。向该字段输入数据时，不必输入货币符号和千位分隔符，Access 会自动添加，并添加两位小数到货币字段。当小数部分多于两位时，Access 会对数据进行四舍五入。精确度为小数点左方 15 位数及右方 4 位数。

6. 自动编号

该类型较为特殊，占用 4 个字节，向表中添加新记录时，Access 会自动插入唯一顺序号，即在自动编号字段中指定某一数值。顺序号的确定有两种方法，可在"新值"属性中指定，分别是"递增"和"随机"。

递增是默认设置，每新增一条记录，自动编号字段的值自动增加 1。

随机是每新增一条记录，自动编号字段的值被指定为一个随机的长整型数据。

自动编号字段的值一旦被指定，就会永久地与记录连接。如果删除了表格中含有自动编号字段的一个记录后，Access 并不会为表格自动编号字段重新编号。当添加某一记录时，Access 不再使用已被删除的自动编号字段的数值，而是重新按递增的规律重新赋值。

7. 是／否

该类型是针对某一字段中只包含两个不同的可选值而设立的字段，通过是／否数据类型的格式特性，用户可以对是／否字段进行选择。

8. OLE 对象

OLE（Object Linking and Embedding，对象的链接与嵌入）类型是指字段允许单独地"链接"或"嵌入"OLE 对象。添加数据到 OLE 对象字段时，可以链接或嵌入 Access 表中的 OLE 对象是指在其他使用 OLE 协议程序创建的对象，如 Word 文档、Excel 电子表格、图像、声音或其他二进制数据。

链接和嵌入的方式在输入数据时可以进行选择，链接对象时，是将表示文件内容的图片插入到文档中，数据库中只保存该图片与源文件的链接，这样，对源文件所做的任何更改都能在文档中反映出来，而嵌入对象时，是将文件的内容作为对象插入到文档中，该对象也保存在数据库中，这时，插入的对象就与源文件无关。

OLE 对象字段最大可为 1 GB，它主要受磁盘空间限制。

9. 超链接

该类型主要是用来保存超链接，包含作为超链接地址的文本或以文本形式存储的字符与数字的组合。当单击一个超链接时，Web 浏览器或 Access 将根据超链接地址到达指定的目标。超链接最多可包含 4 部分：一是在字段或控件中显示的文本；二是到文件或页面的路径；三是在文件或页面中的地址；四是屏幕提示。

10. 附件

可将图像、电子表格文件、文档、图表和其他支持的文件类型附加到数据库的记录中，这与将文件作为电子邮件的附件非常相似。还可以查看和编辑附加的文件，具体取决于数据库设计者对附件字段的设置方式。

11. 查阅向导

该类型为用户提供了一个建立字段内容的列表，该列表称为查阅列，其内容以列表框或组合框的形式显示。这样，在输入一个字段的值时，可以在列表中选择所列内容作为添入字段的内容。

对于表中的字段，可从如下方面考虑字段应该使用的数据类型：

（1）字段允许什么类型的值。例如，不能在"数字"数据类型的字段中保存文本数据。

（2）字段中的值要用多少存储空间来保存。

（3）要对字段中的值执行什么类型的运算。例如，Access 2016 能够对数字或货币字段中的值求和，但不能对文本或 OLE 对象字段中的值进行此类操作。

（4）是否需要排序或索引字段。OLE 对象字段不能排序或索引。

（5）是否需要在查询或报表中使用字段对记录进行分组。OLE 对象字段不能用于分组记录。

2.2.2　使用不同的方法创建表

空数据库建立好后就开始创建表。Access 2016 中可以使用数据表视图、设计视图、SharePoint 列表及从外部数据源导入 4 种方法来创建表。其中，利用 SharePoint 列表创建表，其数据来自 SharePoint 网站，本节主要介绍使用数据表视图、设计视图及从外部数据源导入来创建表方法。

1. 使用"数据表视图"创建表

利用"数据表视图"创建表，可将数据直接输入到空白的数据表中，然后当保存这张新的数据表时，Access 2016 能分析数据并且自动为每一字段指定适当的数据类型及使用格式。

【例 2.3】利用"数据表视图"创建"教师"表，表中各字段的类型如表 2.2 所示，记录如表 2.3 所示。

表 2.2　"教师"表各字段的类型

字段名称	类型	大小
教师编号	短文本	8
姓　　名	短文本	10
性　　别	短文本	2
学　　历	短文本	10
职　　称	短文本	20
聘任时间	日期 / 时间	短日期
学院编号	短文本	10

表 2.3　"教师"表的记录

教师编号	姓　名	性　别	学　历	职　称	聘任时间	学院编号
0001	刘　梅	女	硕士	讲师	2017/2/3	01
0002	韩　正	男	硕士	副教授	2015/6/7	02
0003	杨小军	男	博士	副教授	2010/5/7	01
0004	陈　冲	男	博士	讲师	2017/2/8	02
0005	杨　丽	女	硕士	教授	2001/6/9	01
0006	侯美丽	女	硕士	讲师	2000/5/8	03
0007	李兰兰	女	博士	教授	2001/4/7	04
0008	刘　勇	男	硕士	助教	2018/4/7	03
0009	王大壮	男	博士	教授	1990/3/13	02
0010	张小冬	男	硕士	助教	2007/3/1	01

操作步骤如下：

（1）单击"创建"选项卡→"表格"组→"表"按钮，创建一个名为"表1"的空表，该表默认在数据表视图中打开，表中已插入一个 ID 列，并在 ID 字段右侧出现"单击以添加"列，如图 2.7 所示。

（2）ID 字段暂不处理，单击"单击以添加"下拉按钮，在弹出的下拉列表中选择"短文本"类型，如图 2.8 所示，然后在其中输入字段名称"教师编号"，以同样的方法输入表 2.2 给出的其余字段。

图 2.7　创建空表　　　　　　　　图 2.8　选择"短文本"类型

（3）输入表 2.3 所示的记录。在记录的行选定器上显示一个星号图标，直接在这里输入新记录即可。

（4）单击"保存"按钮，在弹出的"另存为"对话框中输入表的名称"教师"，单击"确定"按钮，此时，"表1"变成"教师"。

数据表"教师"的表结构建立完成，可直接在字段名的下方输入记录值。在数据表视图下建立表结构，只输入字段名称和类型，并没有对字段的其他属性进行设置，这时 Access 采用默认的属性。

如果要创建的表中不需要对字段属性进行特别设置时，使用这种方法创建表比较方便。如果字段类型丰富，属性设置也较多时，使用设计视图创建表更方便。

2. 使用设计视图创建表

使用设计视图创建表可以方便快捷地定义或修改表结构。在设计视图中，可以详细定义每个字段的名称、类型以及每个字段的具体属性。

【例 2.4】利用设计视图创建学生表，表中各字段的类型如表 2.4 所示，记录数据如表 2.5 所示。

表 2.4　"学生"表各字段的类型

字段名称	类　型	大　小
学　　号	短文本	10
姓　　名	短文本	10
性　　别	短文本	2
出生日期	日期 / 时间	短日期
政治面貌	短文本	10
所属学院	短文本	16
专　　业	短文本	20
籍　　贯	短文本	10
民　　族	短文本	10

表 2.5 "学生"表的记录

学号	姓名	性别	出生日期	政治面貌	所属学院	专业	籍贯	民族
2018010001	陈 华	男	2000/10/1	团员	理学院	计算机	宁夏	回族
2018010002	李一平	男	2000/6/5	团员	临床学院	医 学	宁夏	回族
2018010003	吴 强	男	2001/6/7	群众	临床学院	医 学	河北	汉族
2018010004	胡学平	女	2001/10/10	团员	中医学院	中 药	宁夏	汉族
2018010005	李 红	女	2001/9/1	团员	临床学院	麻 醉	山西	汉族
2018010006	周兰兰	女	2001/5/4	团员	临床学院	医 学	陕西	汉族
2018010007	王山山	女	2001/6/4	团员	中医学院	针 推	河南	汉族
2018010008	李 清	女	2001/1/1	团员	临床学院	麻 醉	湖北	汉族
2018010009	王 楠	男	2000/7/5	团员	中医学院	针 推	河南	回族
2018010010	周 峰	男	2002/7/8	团员	理学院	计算机	湖南	汉族
2018010011	李玉英	女	2000/8/9	群众	理学院	计算机	甘肃	汉族
2018010012	魏 娜	女	2000/2/6	党员	临床学院	医 学	甘肃	汉族
2018010013	李 峰	男	2001/5/6	团员	公共管理学院	公共管理	内蒙古	蒙古族

操作步骤如下:

(1)单击"创建"选项卡→"表格"组→"表设计"按钮,此时,显示图 2.9 所示的表设计视图。

图 2.9 表设计视图

(2)输入字段名称并设置其属性。单击"字段名称"列的第一行,向此文本框中输入"学号",单击该行的"数据类型",自动显示为"短文本"型,在窗格下方的"常规"选项卡中设置"字段大小"为 10。依照同样的方法,输入表 2.4 给出的其余字段。

(3)定义主键。单击"学号"字段左边的方框选择此字段,然后单击"设计"选项卡→"工具"组→"主键"按钮,将该字段定义为主键。

(4)单击"保存"按钮,在弹出的"另存为"对话框中输入表的名称"学生",单击"确定"按钮。

(5)单击"设计"选项卡→"视图"组→"视图"下拉按钮,在其下拉列表中选择"数据表视图"选项,切换到数据表视图。

（6）在数据表视图下输入表 2.5 所示的记录数据。

3. 从外部数据源导入数据创建表

在 Access 中，可以很方便地从外部数据源中获取数据，这些数据源包括各种数据库，如 Dbase、Sybase、Oracle、Foxpro，还包括 Excel 的电子表格、XML 文件、文本文件等。用户在 Access 中可以使用外部数据源的数据来创建表，而不必再重新输入这些数据。使用外部数据源创建表包括两种方式：导入和链接。这两种方式都可以使用外部数据源，但有明显的差别。

1）导入

导入就是将其他格式的数据转换并复制到 Access 数据库中，被导入的数据使用 Access 数据库的格式，相当于将其他格式的数据作为源数据，在 Access 中建立了一个源数据的备份。导入操作是从外部获取数据的过程，这个过程一旦结束，这个表就不与外部数据源存在任何联系。

2）链接

链接是创建与另一个 Access 数据库表或不同数据库格式数据的链接。数据仍保留在原有的外部数据源中，不要移动、删除或重命名所链接的文件，否则下一次使用该数据时，Access 将无法找到数据。在 Access 数据库中，通过链接对象对数据所做的任何修改，实际上都是在修改外部数据源的数据，同样对外部的数据源数据所做的任何修改都会反映在 Access 数据库中。

利用从外部数据源导入的方法来创建表相当于在 Access 中新建表。

【例 2.5】以 Excel 工作簿 "学生成绩 .xlsx" 中的工作表 "成绩表" 为数据源，使用导入的方法建立 "成绩" 表。

操作步骤如下：

（1）单击 "外部数据" 选项卡→ "导入并链接" 组→ "新数据源" 下拉按钮，从其下拉列表中选择 "从文件" → "Excel" 选项，弹出 "获取外部数据" 对话框，如图 2.10 所示。

（2）单击 "浏览" 按钮，选择要导入的 Excel 工作簿 "学生成绩 .xlsx"，并选择 "将源数据导入当前数据库的新表中" 单选按钮。

导入与链接操作是类似的，若要创建链接表，在该对话框中选择 "通过创建链接表到数据源" 单选按钮即可。

（3）选择好源数据后单击 "确定" 按钮，弹出 "导入数据表向导" 对话框 1，如图 2.11 所示。

图 2.10　"获取外部数据" 对话框

图 2.11　"导入数据表向导" 对话框 1

（4）对话框中默认显示 Excel 工作簿 "学生成绩 .xlsx" 中工作表 "成绩表" 的内容，这就是要导入的内容，默认 "第一行包含列表题" 复选框被选中，单击 "下一步" 按钮，弹出 "导入数据表向导" 对话框 2，如图 2.12 所示。

（5）在该对话框中可以修改每一个字段的字段名称、数据类型、是否索引，是否导入，本例中可选择"学号"字段，检查其数据类型是否为文本，若不是，将其修改为文本型。

（6）单击"下一步"按钮，弹出"导入数据表向导"对话框 3，如图 2.13 所示，设置导入数据的主键，本例中选择"不要主键"单选按钮。

图 2.12 "导入数据表向导"对话框 2

图 2.13 "导入数据表向导"对话框 3

（7）单击"下一步"按钮，弹出"导入数据表向导"对话框 4，如图 2.14 所示，设置导入表的名称，本例在文本框中以"成绩"作为表的名称。

（8）单击"完成"按钮，此时，屏幕显示"获取外部数据-Excel电子表格"对话框，询问是否保存导入的步骤，本例中不选择该项，直接单击"关闭"按钮，整个导入表的过程结束。用户可以看到左边的导航窗格中出现了刚导入的"成绩"表，双击该表，可以在数据表视图中查看表的内容。

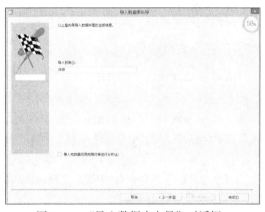

图 2.14 "导入数据表向导"对话框 4

Access 中还可以导入其他类型的文件，只是由于导入文件的类型不同，导入的过程也略有不同，用户根据向导提示一步一步进行设置即可。例如，以文本文件作为数据源时，首先调整文本文件中的数据以逗号或制表符等分隔符分隔，导入过程与导入 Excel 文件不同的是需要选择分隔符，根据实际选择具体的分隔符，其他步骤都相似。

2.2.3 OLE 类型字段的输入

表中的文本类型、数字类型等字段可以在数据表视图下直接输入，但 OLE 类型字段主要用于存放表中链接或嵌入的对象，这些对象以文件的形式存放，所以该类型的输入方法和其他字段不同。

【例 2.6】在"学生"表中增加"照片"字段，设为 OLE 类型字段，每条记录的照片以图像文件的形式独立存在，请为每条记录的照片字段添加相应的照片。

操作步骤如下：

（1）右击数据表视图中第一条记录的"照片"列，在弹出的快捷菜单中选择"插入对象"命令，弹出"Microsoft Access"对话框，如图 2.15 所示。

（2）"对象类型"列表框中列出了许多不同类型的对象供选择。这里选择"由文件创建"单选按钮，弹出图 2.16 所示的对话框。

图 2.15　"Microsoft Access"对话框 1　　　　图 2.16　"Microsoft Access"对话框 2

（3）单击"浏览"按钮，在计算机中找到要插入的图片，单击"确定"按钮，该字段设置完毕。图片插入成功后，单元格中会显示程序包的字样，表示已经成功插入，双击该单元格即可查看已插入的图片。

其余各条记录的"照片"字段均可按此方法插入相应的照片。

2.2.4　使用查阅向导

在表的设计视图下设计表时，用户会看到字段的数据类型中还包含有一种数据类型，即查阅向导。利用查阅向导，可以方便地把字段定义为一个组合框，并定义组合框的选项，这样便于统一地向数据表中添加数据。当需要反复输入某几个固定的值，或需要限定数据值的范围时可以使用查阅向导为输入提供便利。例如，"员工"表中有"职务"字段，该字段的值可以在"职员""主管""经理"中选择，那么该字段即可设置为查阅向导类型。

【例 2.7】将"学生"表中的"政治面貌"字段设置为查阅向导类型，该字段的取值为"群众""团员"或"党员"。

操作步骤如下：

（1）在导航窗格中，右击"学生"表，在弹出的快捷菜单中选择"设计视图"命令，打开"学生"表设计视图。

（2）从"政治面貌"字段的"数据类型"下拉列表中选择"查阅向导"，弹出"查阅向导"的第 1 个对话框，选择"自行键入所需的值"单选按钮，如图 2.17 所示。

（3）单击"下一步"按钮，弹出"查阅向导"的第 2 个对话框，依次输入查阅字段的列表内容：群众、团员、党员，如图 2.18 所示。

（4）单击"下一步"按钮，弹出"查阅向导"的第 3 个对话框，该对话框是设置查阅字段的标题，这里设置为"政治面貌"，如图 2.19 所示。

（5）单击"完成"按钮，设置完毕。

在数据表视图下打开"学生"表，可看到"政治面貌"字段的值可从下拉列表中选择。

图 2.17　"查阅向导"对话框 1

图 2.18　"查阅向导"对话框 2

图 2.19　"查阅向导"对话框 3

2.2.5　设置主键

Access 2016 数据库中，想要将分布于不同表中的数据作为一个库来使用时，只要为各表建立"主键"，就能建立一个关系型数据库系统，可方便日后利用查询、窗体和报表快速查找数据，并能组合保存来自不同表中的信息。若要建立"主键"，应该在表中包含一个或一组相同的字段，它们可以唯一地标识表中的每一条记录，通常需要在建表时一并指定。

当一个字段被指定为主键之后，字段的"索引"属性会自动被设置为"有（无重复）"，并且该属性设置为无法改变。主键实现了实体完整性约束，输入或修改主键字段的值时，既不能出现空值，也不能出现相同的值，要保证数据表中的每一条记录唯一可识别，否则将会出现图 2.20 和图 2.21 所示的系统提示。利用主键可以对记录进行快速地查找和排序，还可以在表间建立关系。

图 2.20　"学生"表学号关键字字段值为空时出现的对话框

图 2.21　"学生"表学号关键字字段值相同时出现的对话框

Access 2016 允许定义 3 种类型的主键：自动编号、单字段和多字段。

1. 自动编号主键

当向表中添加每一条记录时，可将自动编号字段设置为自动输入连续数字的编号。将自动编号字段指定为表的主键是创建主键的最简单方法。如果在保存新表之前未设置主键，此时，Access 2016 会将自动编号设为主键。

例如，在"学生"表中，如果将"学号"的类型设置为自动编号。当输入数据时，"学号"由系统自动产生连续数字的编号，如 1、2、3……，不需要用户自行输入，但删除一条学生记录时，同时删除这条记录的自动编号，会产生断号。

2. 单字段主键

如果某些信息相关的表中拥有相同的字段，而且所包含的值都是唯一的，如"学生"表中"学号"或"课程"中的"课程编号"，那么就可以将该字段指定为主键。如果字段有重复的值或

NULL 值，将不应被设置成主键。

3. 多字段主键

在任何单字段都不包含唯一值时，可将两个或多个字段指定为主键。这种情况多出现在"多对多"关系中关联另外两个表的表。"多对多"关系是关系数据库中较难理解的概念，但却非常实用，它说明如果 A 表中的记录能与 B 表中的许多行记录匹配，并且 B 表中的记录也能与 A 表中的许多行记录匹配。此关系的类型仅能通过定义第三张表（即结合表）的方法来实现，其主键包含两个字段，即来源于 A 和 B 两张表的主键。"多对多"关系实际上是使用第三张表的两个一对多关系。例如，"学生"表和"课程"表就可能有一个"多对多"关系，它是通过成绩表的两个"一对多"关系来创建的，成绩表中的"学号"和"课程编号"就可以联合起来作为主键。

设置主键要在表的设计视图下进行。单击要设为主键的字段名左边的方框，将该字段选中，再单击"设计"选项卡→"工具"组→"主键"按钮，将该字段定义为主键。再单击"主键"按钮，可取消该主键。

如果主键包含多个字段，则选择字段时按住 Ctrl 键后分别单击各个字段。

选择字段重新设置为主键时，原来设置的主键自动取消。

2.2.6 设置索引

设置索引可以显著加快查找和排序记录的速度，尤其是数据量相当大时。建立索引就是指定表中一个或多个字段的组合以便按这个或这些字段中的值来检索或排序数据。对于经常搜索的字段、排序的字段或查询中联接到其他表中的字段均可设置为索引。例如，我们会对"学生"表中的"学号"字段排序，显然学号不会重复，所以可将其设置为索引：有（无重复）。我们也会经常查询"姓名"，所以该字段也可设置为索引，但姓名会重复，所以应该设置为索引：有（有重复）。

使用索引应注意：表的主键会自动设置为索引，索引字段的数据类型为文本、数字、货币或日期 / 时间，而 OLE 对象、附件等字段不能设置索引。

2.3 表 的 操 作

可对已创建的表进行各种编辑和修改操作，由于一个表由表结构和表记录构成，对表的编辑也分为修改表结构和修改表记录。

2.3.1 打开和关闭表

1. 打开表

表可以在数据表视图下打开，也可以在设计视图下打开，不同视图下完成的操作不同，还可以在这两种视图之间进行切换。

1）在数据表视图下打开表

在导航窗格中，双击要打开的表，就可以在数据表视图下打开该表，表的内容以二维表的形式显示。其中第一行显示表中字段，下方是表中记录，可以对表进行记录的输入、修改、删除等操作。

2）在设计视图下打开表

在导航窗格中，右击要打开的表，在弹出的快捷菜单中选择"设计视图"命令，则表在设计视图下打开。

在设计视图中，显示表中各字段的基本信息，此视图方式可供用户修改表结构。

3）在两种视图之间切换

若表在设计视图下，单击"设计"选项卡→"视图"组→"视图"按钮；在数据表视图下，单击"开始"选项卡→"视图"组→"视图"按钮，都可打开下拉列表，如图 2.22 所示，可以在两个视图之间进行切换；也可以在工作区右击表的选项卡名称，在弹出的如图 2.23 所示的快捷菜单中进行切换；还可以在工作区右下角单击图 2.24 所示的视图按钮进行切换。

图 2.22　"视图"下拉列表　　　图 2.23　选项卡快捷菜单　　　图 2.24　视图按钮

2. 关闭表

要关闭表时，不论表处于哪种视图下，均可单击视图窗格右上角的"关闭"按钮，或选择图 2.23 中的"关闭"或"全部关闭"命令关闭表。

2.3.2　修改表结构

修改表结构的操作主要包括增加字段、删除字段、字段重命名、修改字段的属性、重设主关键字等，其中增加字段、删除字段、字段重命名操作既可以在数据表视图下进行，也可以在设计视图下进行。

1. 增加字段

1）在数据表视图下增加字段

在数据表视图下打开表，单击表中的"单击以添加"按钮，在弹出的下拉列表中选择字段的类型，输入新字段名称，即可在表的最后添加一个新的字段。

若要在某个字段前插入新的字段，可单击要插入新字段的位置，在弹出的如图 2.25 所示的快捷菜单中选择"插入字段"命令，则在当前列列前插入一个新列，输入新字段名称，即可在该字段前插入新字段。

2）在设计视图下增加字段

在设计视图下打开表，将光标移至要插入新字段的位置并右击，弹出快捷菜单，如图 2.26 所示，选择"插入行"命令。在新的一行分别设置新字段的"字段名称""数据类型"等，在属性区设置该字段的属性。

2. 删除字段

在数据表视图中删除字段时，将光标定位到待删除字段上并右击，在弹出的如图 2.25 所示的快捷菜单中选择"删除字段"命令，此时，在屏幕上出现的对话框中单击"是"按钮即可将该字段删除。

图 2.25　插入字段

在设计视图中删除字段时，将光标定位到待删除字段上并右击，在弹出的如图 2.26 所示的快捷菜单中选择"删除行"命令，此时，在屏幕上出现的对话框中单击"是"按钮即可将该字段删除。也可以单击"设计"选项卡→"工具"组→"删除行"按钮。

字段被删除之后，其下的数据也一并被删除。

3. 重命名字段

在数据表视图中重命名字段时，将光标定位到待重命名的字段上并右击，在弹出的如图 2.25 所示的快捷菜单中选择"重命名字段"命令，此时，光标在字段名处闪烁，输入新的字段名即可。

图 2.26　选择"插入行"命令

在设计视图中重命名字段时，将光标定位到待重命名的字段上并单击，直接输入新的字段名即可。

2.3.3　编辑记录

表创建完成后，需要在数据表视图下对表中的记录进行编辑，这些操作包括添加记录、定位记录、修改记录、删除记录等。

1. 添加记录

在 Access 中，表的记录只能添加在表的末尾。添加记录有以下两种方法：

（1）在数据表视图下打开表，表的末端有一条空白的记录，在记录的行选定器上显示一个星号图标，表示可以从这里开始增加新的记录，直接在这里输入新记录即可。

（2）单击"记录"组→"新建"按钮，插入点光标即跳至最末端空白记录的第一个字段。输入完数据后，光标移到另一个记录时系统会自动保存该记录。

2. 定位记录

编辑记录前首先要找到该记录。可以使用行选定器、记录定位器来找到所需的记录。记录定位器位于数据表视图的下方，如图 2.27 所示。使用方法如下：

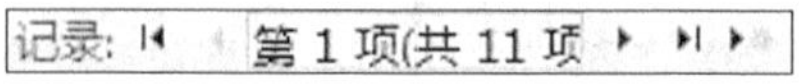

（1）使用该定位器可定位到第一条、前一条、后一条或最后一条记录上。

图 2.27　记录定位器

（2）在记录编号框文本中直接输入记录号，按 Enter 键，即可定位到指定的记录上。

3. 修改记录

若修改整个单元格的内容，可将光标移到待修改的单元格上，当光标变为一个空心十字光标时单击，选中该单元格，直接输入新的数据即可。

若只修改单元格中部分内容，可在单元格内单击，出现闪烁的光标时即可对原来的内容进行修改。

4. 删除记录

删除记录时，选择待删除的一条或多条记录，在第一个字段左侧的行选定器上右击，在弹出的如图 2.28 所示的快捷菜单中选择"删除记录"命令，屏幕上出现提示删除记录的对话框，如图 2.29 所示，单击"是"按钮，即可删除该记录。

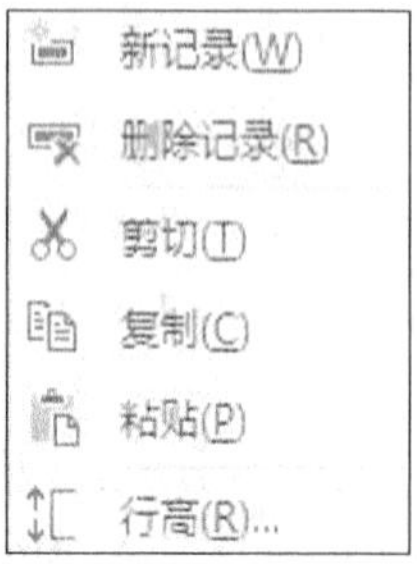

2.3.4　查找和替换数据

通常用户在数据库中使用数据时，需要使用一些快捷的方法来实

图 2.28　选择"删除记录"命令

现对数据的查找、替换、排序以及筛选记录等操作，否则，
对数据记录逐条进行查找和替换是非常困难的工作。

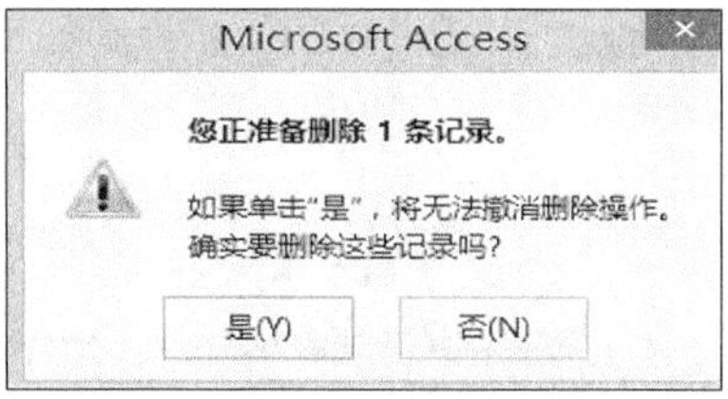

查找是在表中找到指定的值，替换是将找到的值用另
一个值进行替换。

【例2.8】在"教师"表中查找职称为"讲师"的记录，
将查找到的"讲师"职称更改为"助教"。

图 2.29　删除记录确认对话框

操作步骤如下：

（1）在数据表视图下打开"教师"表。

（2）单击要查找数据的字段名称"职称"。

（3）单击"开始"选项卡→"查找"组→"查找"按钮，弹出"查找和替换"对话框，默
认打开"查找"选项卡，如图 2.30 所示。

（4）设置该对话框：

查找内容：设置为"讲师"。

查找范围：自动显示为"当前字段"，也可以设置为"当前文档"。

匹配：整个字段。

搜索：全部。

（5）单击"查找下一个"按钮，则会将查找到的内容高亮显示。如有多个职称为"讲师"
的记录，则每次单击一次"查找下一个"按钮，就向下查找一次。

（6）选择"替换"选项卡，如图 2.31 所示，在查找的基础上，进行内容的替换。

图 2.30　"查找"选项卡

图 2.31　"替换"选项卡

（7）设置该对话框：

查找内容：设置为"讲师"。

替换为：设置为"助教"。

查找范围：自动显示为"当前字段"，也可以设置为"当前文档"。

匹配：整个字段。

搜索：全部。

（8）单击"全部替换"按钮，系统弹出图 2.32 的提示框，
若单击"是"按钮，一次替换所有查找到的内容；单击"否"
按钮，则取消这次替换操作。

（9）单击"保存"按钮，保存所做的操作。

2.3.5　记录的排序

排序是指将表中的记录按照一个或多个指定字段值重新

图 2.32　全部替换确认对话框

排列顺序。Access 的排序规则如下：

（1）英文按字母顺序排序，不区分大小写。

（2）中文按声母顺序排序。

（3）数字由小到大排序。

（4）日期和时间按先后顺序排序。

（5）备注型、超链接型和 OLE 对象不能进行排序。

图 2.33 "排序和筛选"组

排序可在"开始"选项卡的"排序和筛选"组中进行，如图 2.33 所示。

1. 使用排序按钮排序

使用图 2.33 中的排序按钮排序，既可按单个字段排序，也可按多个字段排序。当按多个字段排序时，要求这些字段在表中是连续的，并且需用同一次序即同时升序或降序，排序时，从左到右，先按第一个字段指定的顺序排序，出现值相同的情况时，再按第二个字段指定的顺序进行排序，依此类推，直至按全部指定的字段完成排序。

【例 2.9】将"学生"表中的记录按"性别"和"出生日期"两个字段的升序排序。

操作步骤如下：

（1）在数据表视图下打开"学生"表。

（2）将"性别"和"出生日期"两列同时选中，单击"开始"选项卡→"排序和筛选"组→"升序"按钮 ，此时记录先按"性别"的升序排列，对于性别相同的记录再按"出生日期"的升序排列，结果如图 2.34 所示，此时，"性别"和"出生日期"字段名的后面出现向上的箭头，表示字段值按升序排列。

学号	姓名	性别	出生日期	政治面貌	所属学院
2018010002	李一平	男	2000/6/5	团员	临床学院
2018010009	王楠	男	2000/7/5	团员	中医学院
2018010001	陈华	男	2000/10/1	团员	理学院
2018010013	李峰	男	2001/5/6	团员	公共管理学院
2018010003	吴强	男	2001/6/7	群众	临床学院
2018010010	周峰	男	2002/7/8	团员	理学院
2018010012	魏娜	女	2000/2/6	党员	临床学院
2018010011	李玉英	女	2000/8/9	群众	理学院
2018010008	李清	女	2001/1/1	团员	临床学院
2018010006	周兰兰	女	2001/5/4	团员	临床学院
2018010007	王山山	女	2001/6/4	团员	中医学院
2018010005	李红	女	2001/9/1	团员	临床学院
2018010004	胡学平	女	2001/10/10	团员	中医学院

图 2.34 例 2.8 的排序结果

2. 使用【高级筛选 / 排序】命令排序

使用【高级筛选 / 排序】命令可以更灵活地对表中数据进行排序，不要求排序字段相邻，也不要求排序字段按同一次序。

【例 2.10】将"学生"表中的记录按"性别"降序和"出生日期"升序排序。

操作步骤如下：

（1）在数据表视图下打开"学生"表。

（2）单击"开始"选项卡→"排序和筛选"组→"高级"下拉按钮 ，在弹出的如图 2.35 所示的下拉列表中选择"高级筛选 / 排序"选项，打开"学生筛选"窗口，如图 2.36 所示。

图 2.35 选择"高级筛选 / 排序"下拉列表

图 2.36 "学生筛选 1"窗口

（3）"学生筛选 1"窗口上半部分显示已打开表的字段列表，下半部分显示设计网格，可指定排序字段、排序方式，还可以设置筛选条件。

（4）单击第一列"字段"右侧的下拉按钮，从弹出的下拉列表中选择"性别"选项；单击第一列"排序"右侧的下拉按钮，从弹出的下拉列表中选择"降序"选项。

（5）单击第二列"字段"右侧的下拉按钮，从弹出的下拉列表中选择"出生日期"选项；单击"排序"右侧的下拉按钮，从弹出的下拉列表中选择"升序"选项，如图 2.37 所示。

（6）单击"排序和筛选"组中的"高级"下拉按钮 高级，在图 2.35 所示的下拉列表中选择"应用筛选 / 排序"选项，此时记录先按性别的降序排列，性别相同的记录再按出生日期的升序排列，结果如图 2.38 所示。

图 2.37 设置排序字段

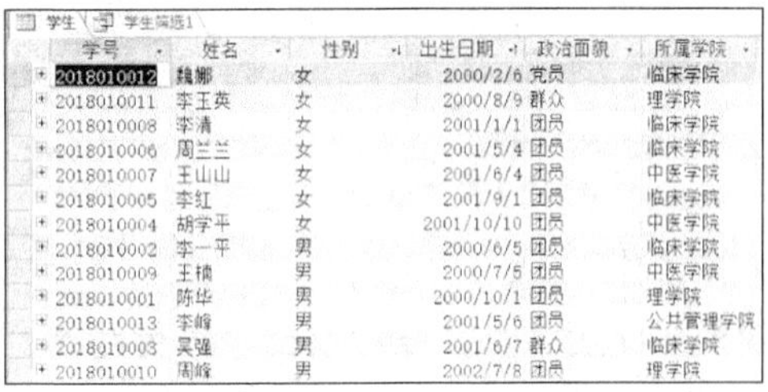

图 2.38 例 2.9 的排序结果

2.3.6 记录的筛选

记录筛选是指在数据表视图方式下，将符合条件的记录显示出来，将不符合条件的记录暂时隐藏起来。

Access 2016 中可以使用的筛选方式有 4 种：使用筛选器进行筛选、基于选定内容进行筛选、按窗体筛选和高级筛选 / 排序。其中，前两种方法只能设置一个筛选字段，后两种方法可设置一个或多个筛选字段。

1. 使用筛选器进行筛选

Access 2016 为每种数据类型（除 OLE 类型外）都提供了几个常用的、现成的筛选器，包括文本筛选器、数字筛选器和日期筛选器。使用这些筛选器可以方便地从众多记录中筛选出需要的记录。

【例 2.11】在"成绩"表中筛选"成绩"低于或等于 60 分的记录。

操作步骤如下：

（1）在数据表视图下打开"成绩"表。

（2）右击"成绩"字段的任何一个记录值所在的单元格，在弹出的快捷菜单中选择"数字筛选器"→"小于"命令，如图 2.39 所示，弹出"自定义筛选"对话框，如图 2.40 所示。

图 2.39　"数字筛选器"的级联菜单　　　　图 2.40　"自定义筛选"对话框

（3）在对话框的"小于或等于"文本框中输入 60，单击"确定"按钮，表中即显示成绩小于或等于 60 的记录。

2. 基于选定内容进行筛选

【例 2.12】在"教师"表中筛选"职称"为"讲师"的记录。

操作步骤如下：

（1）在数据表视图下打开"教师"表。

（2）在表中找到任意一个"职称"字段的值为"讲师"的记录，并选中该值。

（3）单击"开始"选项卡→"排序和筛选"组→"选择"下拉按钮，在弹出的下拉列表中选择"等于"讲师"选项，如图 2.41 所示，这时，表中显示所有"职称"为"讲师"的记录，如图 2.42 所示，可看到"职称"字段名右侧有一个筛选按钮。

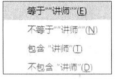

图 2.41　"选择"下拉列表　　　　　图 2.42　例 2.11 的筛选结果

3. 按窗体筛选

如果要使用多个字段对数据表进行筛选，并且筛选条件比较复杂，如包含多字段条件的"与""或"运算，使用此方法比较方便。按窗体筛选时，Access 将数据表变成一个单一的记录，并且每个字段都变成一个下拉列表，允许在下拉列表中选取一个值作为筛选内容。同时在窗体底部可为每一组设定的值指定"或"条件。

【例 2.13】在"学生"表中筛选"临床学院"的男生。

本题要同时满足两个筛选条件："所属学院"字段值为"临床学院"，同时"性别"字段值为"男"。

操作步骤如下：

（1）在数据表视图下打开"学生"表。

（2）单击"开始"选项卡→"排序和筛选"组→"高级"下拉按钮，在弹出的下拉列表中选择"按窗体筛选"选项。

（3）此时系统切换到按窗体筛选窗口，单击"性别"字段的下拉按钮，在弹出的下拉列表中选择"男"。

（4）单击"所属学院"字段的下拉按钮，在弹出的下拉列表中选择"临床学院"，筛选条件设置如图 2.43 所示。

（5）单击"开始"选项卡→"排序和筛选"组→"高级"下拉按钮，在弹出的下拉列表中选择"应用筛选 / 排序"选项，得到筛选结果，如图 2.44 所示。

图 2.43　"与"条件的设置

图 2.44　例 2.12 的筛选结果

【例 2.14】在"学生"表中筛选"理学院"的学生或党员。

本题要满足两个筛选条件："所属学院"字段值为"理学院"或者"政治面貌"字段值为"党员"。这两个条件满足其中一个就是合法的记录，都要出现在筛选结果中。

操作步骤如下：

（1）在数据表视图下打开"学生"表。

（2）单击"开始"选项卡→"排序和筛选"组→"高级"按钮，在弹出的下拉列表中选择"按窗体筛选"选项。

（3）此时系统切换到按窗体筛选窗口，单击"所属学院"字段的下拉按钮，在弹出的下拉列表中选择"理学院"。

（4）单击"按窗体筛选"窗口底部的"或"标签。

（5）单击"政治面貌"字段的下拉按钮，在弹出的下拉列表中选择"党员"，筛选条件设置如图 2.45 所示。

图 2.45　"或"条件的设置

（6）单击"开始"选项卡→"排序和筛选"组→"高级"下拉按钮，在弹出的下拉列表中选择"应用筛选 / 排序"选项，得到筛选结果，如图 2.46 所示。

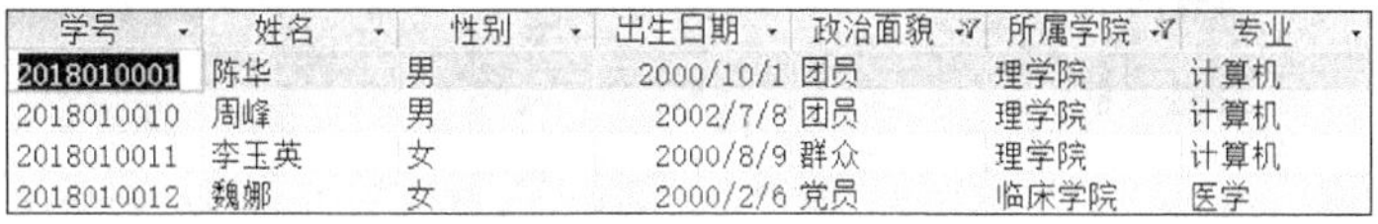

学号	姓名	性别	出生日期	政治面貌	所属学院	专业
2018010001	陈华	男	2000/10/1	团员	理学院	计算机
2018010010	周峰	男	2002/7/8	团员	理学院	计算机
2018010011	李玉英	女	2000/8/9	群众	理学院	计算机
2018010012	魏娜	女	2000/2/6	党员	临床学院	医学

图 2.46　例 2.13 的筛选结果

4. 高级筛选 / 排序

高级筛选可以利用一个或多个字段对数据表进行筛选，还可以对筛选结果排序。

【例 2.15】在"教师"表的女教师中筛选出"职称"为"教授"的记录，并按"教师编号"的降序输出。

本题要同时满足两个筛选条件：性别为"女"并且该教师的职称为"教授"。

操作步骤如下：

（1）在数据表视图下打开"教师"表。

（2）单击"开始"选项卡→"排序和筛选"组→"高级"下拉按钮，在弹出的下拉列表中选择"高级筛选/排序"选项，此时系统切换到"高级筛选/排序"设计网格。

（3）将"教师编号"字段拖动到设计网格第一列的"字段"行，并在该列下方的"排序"行设置"降序"。

（4）将字段列表中的"性别"字段拖动到设计网格第二列的"字段"行，并在该列下方的"条件"行设置"女"。

（5）将字段列表中的"职称"字段拖动到设计网格第三列的"字段"行，并在该列下方的"条件"行设置"教授"，筛选条件设置完毕，如图 2.47 所示。

字段:	教师编号	性别	职称
排序:	降序		
条件:		"女"	教授
或:			

图 2.47 "高级筛选/排序"的设置

（6）单击"开始"选项卡→"排序和筛选"组→"高级"下拉按钮，在弹出的下拉列表中选择"应用筛选/排序"选项，得到筛选结果，如图 2.48 所示。

教师编号	姓名	性别	学历	职称	聘任时间	学院编号
0007	李兰兰	女	博士	教授	2001/4/7	04
0005	杨丽	女	硕士	教授	2001/6/9	01

图 2.48 例 2.14 的筛选结果

从图 2.48 中可以看到，"教师编号"右侧有一个降序的图标，"性别"和"职称"字段右侧各有一个筛选图标。

5. 清除筛选

不需要筛选时可将其清除。可以从单个字段中清除单个筛选，也可以从整个数据表视图中清除所有字段的筛选。

若从单个字段中清除单个筛选，当表处于数据表视图时，右击数据表中已筛选字段下的任意字段值，选择"从×××清除筛选器"选项。

若从所有字段中清除所有筛选，当表处于数据表视图时，单击"排序和筛选"组→"高级"下拉按钮，在弹出的下拉列表中选择"清除所有筛选器"选项。

2.4 设置字段的属性

建立表结构时，除了要设置字段的名称、类型之外，还需设置字段的属性。设置字段的属性在表的设计视图下按以下步骤进行：

（1）设计视图窗口分为上下两个部分，在窗口上半部分单击要设置属性的字段，此时下半部分的字段属性区显示该字段的所有属性。

（2）在属性区设置相应的属性。

（3）字段属性设置完成后，单击"保存"按钮保存所做的设置。

字段类型不同，其属性也不完全一样。表 2.6 中简要列出了字段常用属性的名称及其作用。这些属性都包含在"常规"选项卡中。

表 2.6　字段常用属性

字段属性	作　用
字段大小	设置文本、数据和自动编号类型的字段中数据的范围，可设置的最大字符数为 255
格式	控制显示和打印数据格式、选项预定义格式或输入自定义格式
小数位数	指定数据的小数位数，默认值是"自动"，范围是 0 ~ 15
输入法模式	确定当焦点移至该字段时，准备设置的输入法模式
输入掩码	用于指导和规范用户输入数据的格式
标题	在各种视图中，可以通过对象的标题向用户提供帮助信息
默认值	指定数据的默认值，自动编号和 OLE 数据类型无此项属性
验证规则	一个表达式，用户输入的数据必须满足该表达式
验证文本	当输入的数据不符合验证规则时，要显示的提示性信息
必填字段	该属性决定是否出现 Nulll 值

2.4.1　字段大小

　　字段大小即字段的长度，该属性用来设置存储在字段中文本的最大长度或数字的取值范围。因此，只有文本型、数字型和自动编号型字段才具有该属性。

　　短文本型字段的大小在 1 ~ 255 个字符之间，用户可以在"字段大小"属性的文本框中自定义字段的大小，其默认值为 255 个字符。如果文本数据长度超过 255 个字符，则可以将该字段设置为长文本型。

　　数字型字段的长度可以在"字段大小"属性列表中进行选择，其中常用的类型所表示的数据范围、小数位数及所占的空间，如表 2.7 所示。

表 2.7　数字型数据的不同保存类型

类型	数据范围	小数位数	字段长度 / 字节
字节	0 ~ 255	无	1
小数	$-1\,028\text{-}1 ~ 1\,028\text{-}1$	28	12
整型	$-32\,768 ~ 32\,768$	无	2
长整型	$-231 ~ 231\text{-}1$	无	4
单精度型	$-3.4 \times 1038 ~ 3.4 \times 1038$	7	5
双精度型	$-1.797 \times 10308 ~ 1.797 \times 10308$	15	8

　　对于数字型字段，默认的类型是长整型，在实际使用时，应根据数字型字段表示的实际含义确定合适的类型。例如，对于百分制的分数字段，可以选择"字节"，对于工资表中的工资字段，可以选择"整数"。

　　在减小字段的大小时要小心，如果在修改之前字段中已经有了数据，在减小长度时可能会丢失数据，对于文本型字段，将截取超出的部分；对于数字型字段，如果原来是单精度或双精度数据，在改为整数时，会自动将小数取整。

2.4.2　格式

　　字段的格式属性用来确定数据在屏幕上的显示方式以及打印方式，从而使表中的数据输出有一定的规范，浏览、使用更为方便。Access 系统为不同数据类型的字段提供了一些常用格式供用户选择。表 2.8 显示了数字 / 货币型字段的显示格式，表 2.9 显示了日期 / 时间型字段的显示格式，表 2.10 显示了是 / 否型字段的显示格式。

表 2.8 数字 / 货币型字段的格式

常规数字	3 456.789
货币	￥3,457
欧元	€ 3,456.79
固定	3 456.79
标准	3,456.79
百分比	123.00%
科学计数	3.46E+03

表 2.9 日期 / 时间型字段的格式

常规日期	1994-6-19 下午 05:34:23
长日期	1994 年 6 月 19 日
中日期	94-06-19
短日期	1994-6-19
长时间	下午 05:34:23
中时间	下午 05:34
短时间	17:34

格式设置只是改变数据输出的样式，对输入数据本身没有影响，也不影响数据的存储格式。若要让数据按输入时的格式显示，则不要设置"格式"属性。

短文本、长文本、超链接等字段没有系统预定义格式，可以自定义格式。

表 2.10 是 / 否型字段的格式

真 / 假	True
是 / 否	Yes
开 / 关	On

2.4.3 小数位数

该属性影响数据的显示方式，但对计算时的精度没有影响。

2.4.4 输入法模式

图 2.49 输入法模式下拉列表

该属性主要用于文本型字段，单击输入法模式属性的下拉按钮，可以打开下拉列表，如图 2.49 所示，下拉列表中有"随意""开启""关闭"选项。如果选择"开启"选项，则在输入记录时，输入到该字段，会自动切换到中文输入法。

2.4.5 输入掩码

输入掩码属性用来设置字段中的数据输入格式，并限制不合规格的文字或符号输入。输入掩码可用于文本型、日期 / 时间型、数字型及货币型字段，尤其适用于日常生活中相对固定的数据形式。例如，对身份证号码可设置输入掩码，以确保输入时该字段的值为 18 位数字。

设置输入掩码的方法是，在"常规"选项卡的"输入掩码"文本框中直接输入格式符，以规定输入数据时使用的格式。Access 可以使用的格式符及其代表的含义如表 2.11 所示。

表 2.11 输入掩码属性中使用的格式符及含义

符 号	含 义
0	必须输入数字（0 ~ 9），不允许输入加号和减号
9	可以选择输入数字（0 ~ 9）或空格，不允许输入加号和减号
#	可以选择输入数字（0 ~ 9）或空格，允许输入加号和减号
L	必须输入字母（A ~ Z，a ~ z）
?	可以选择输入字母（A ~ Z，a ~ z）
A	必须输入字母或数字
a	可以选择输入字母或数字
&	必须输入任意字符或一个空格
C	可以选择输入任意一个字符或一个空格
. , : ; - /	小数点占位符及千位、日期与时间的分隔符

续表

符　号	含　义
<	将所有字符转换为小写
>	将所有字符转换为大写
!	使输入掩码从左到右显示
\	使其后的字符以原义字符显示（如 \C 表示显示 C）
密码	显示为"*"，个数与输入字符的个数一致

如果同时使用格式和输入掩码属性时，要注意它们的结果不能互相冲突。

表 2.12 显示了一些掩码格式符的使用示例。

表 2.12　掩码格式符的使用示例

字　段	要　求	掩码形式
学　号	10 位，前 4 位为 2018，后 6 位必须为数字	"2018" 000000
手 机 号	11 位，必须为数字	00000000000
电话号码	区号 3 位或 4 位，后面的电话号码 7 位或 8 位	9000-00000009
出生日期	以 yyyy/mm/dd 形式显示，年份必须输入，月份和日期可空缺	0000/99/99
课程编号	4 位，第 1 位为字母，后 3 位为数字	L000

对文本型字段和日期 / 时间型字段，有时也可通过输入掩码向导进行设置。

【例 2.16】利用输入掩码向导将"教师"表中的"聘任时间"字段设置为短日期"0000/99/99"。

操作步骤如下：

（1）在设计视图下打开"教师"表。

（2）在窗口的上半部分单击"聘任时间"字段名称。

（3）在窗口下半部分的"常规"选项卡中找到"输入掩码"一项，单击其后文本框右侧的"生成器"按钮，弹出"输入掩码向导"第 1 个对话框，如图 2.50 所示。

（4）在该对话框的"输入掩码"列表框中选择"短日期"，单击"下一步"按钮，弹出"输入掩码向导"第 2 个对话框，如图 2.51 所示。

图 2.50　"输入掩码向导"对话框 1　　　　图 2.51　"输入掩码向导"对话框 2

（5）在"输入掩码"的文本框中设置输入掩码的形式，单击"下一步"按钮，弹出"输入掩码向导"第 3 个对话框，如图 2.52 所示。

（6）该对话框中只有提示信息，单击"完成"按钮，完成设置。

（7）单击"保存"按钮保存对表所做的修改。

2.4.6 标题

使用标题属性可以指定字段名的显示名称，即在表、查询或报表等对象中显示的标题文字。如果没有为字段设置标题，只显示相应的字段名称。

2.4.7 默认值

当表中有多条记录的某个字段值相同时，例如，"教师"表中"职称"字段的值大多为"讲师"，"学生"表中"政治面貌"字段的值大多为"团员"，用户即可将字段常取的值设置为该字段的默认值，这样，

图 2.52   "输入掩码向导"对话框 3

每增加一条新记录时，默认值就自动出现在该字段中，这样可以提高数据录入的效率。用户可以直接使用该默认值，也可以输入新的值。

【例 2.17】将"教师"表中"职称"字段的默认值设置为"讲师"，"聘任时间"字段的默认值设置为当前系统日期。

操作步骤如下：

（1）在设计视图下打开"教师"表。

（2）在窗口的上半部分单击"职称"字段名称。

（3）从窗口下半部分的"常规"选项卡中找到"默认值"一项，在其后的文本框中输入"讲师"，输入时可以不加引号，系统会自动添加引号。

（4）在窗口的上半部分单击"聘任时间"字段名称。

（5）从窗口下半部分的"常规"选项卡中找到"默认值"一项，在其后的文本框中输入"Date()"。

> **注**：Date() 函数是返回系统当前的日期。

（6）单击"保存"按钮保存对表所做的修改。

默认值设置完成后，切换到数据表视图中，新记录相应的字段中会自动显示所设置的默认值。

2.4.8 验证规则和验证文本

验证规则是一个与字段或记录相关的表达式，通过对用户输入的值加以限制，提供数据有效性检查。建立验证规则时，必须创建一个有效的 Access 表达式，该表达式是一个逻辑表达式，以此来控制输入到数据表记录中的数据。

用户可以创建两种基本类型的验证规则。

1）字段验证规则

该规则是对一个字段的约束，它将所输入的值与所定义的规则表达式进行比较，若输入的值不满足规则要求，则拒绝该值。例如，有一个"日期"字段，并且在该字段的验证规则属性中输入了">=#01/01/2019#"，此规则要求用户输入 2019 年 1 月 1 日或以后的日期。如果输入了早于 2019 年 1 月 1 日的日期，再尝试将光标放到其他字段上，Access 会阻止光标离开当前字段，直到修复了该问题。

2）记录验证规则

控制何时可以保存记录。与字段验证规则不同，记录验证规则引用的是同一个表中的其他字段。在需要对照一个字段中的值检查另一个字段中的值时，应当创建记录验证规则。例如，某公司要求在 30 天内发货，如果未能在限定时间内发货，则必须向客户退还部分货款。这时，可以定义如 "[要求日期]<=[订购日期]+30" 这样的验证规则，来确保不会有人输入距订购日期太久的发货日期（即 "要求日期" 中的值）。

验证文本是一个提示信息，当输入的数据不在设置的范围内，系统就会出现提示信息，提示输入的数据有错，这个提示信息可以是系统自动加上，也可以由用户设置。

表 2.13 提供了一些字段和记录验证规则的示例，以及对应的验证文本。

表 2.13　验证规则示例

验证规则	验证文本
<>0	输入非零值
>=0	值不得小于零，或必须输入正数
0 or >100	值必须为 0 或者大于 100
BETWEEN 0 AND 1	输入带百分号的值（用于将数值存储为百分数的字段）
<#01/01/2019#	输入 2019 年之前的日期
>=#01/01/2018# AND <#01/01/2019#	必须输入 2018 年的日期
<Date()	出生日期不能是将来的日期
StrComp(UCase([姓氏]),[姓氏],0)=0	"姓氏" 字段中的数据必须大写
M Or F	输入 M（代表男性）或 F（代表女性）
LIKE　"[A-Z]*@[A-Z].com" OR "[A-Z]*@[A-Z].net" OR "[A-Z]*@[A-Z].org"	输入有效的 .com、.net 或 .org 电子邮件地址
[要求日期]<=[订购日期]+30	输入在订单日期之后 30 天内的要求日期
[结束日期]>=[开始日期]	输入不早于开始日期的结束日期

创建表达式时，需要注意下列规则：

（1）将表字段的名称用方括号括起来，如 [要求日期]<=[订购日期]+30。

（2）将日期用 # 括起来，如 <#01/01/2019#。

（3）将文本值用双引号引起来，用逗号分隔项目，如 IN（"纽约"，"巴黎"，"伦敦"）。

除以上规则外，表 2.14 列出了表达式常用运算符的名称、意义及其使用方法示例。

表 2.14　常用的运算符及其使用示例

运算符	意　义	示　例
NOT	测试相反值。在除 IS NOT NULL 之外的任何比较运算符之前使用	NOT >10(与 <=10 相同)
IN	测试值是否等于列表中的现有成员。比较值必须是括在圆括号中的逗号分隔列表	IN（"纽约"，"巴黎"，"伦敦"）
BETWEEN	测试值范围。必须使用两个比较值（低和高），并且必须使用 AND 分隔符来分隔这两个值	BETWEEN 100 AND 1000(与 >=100 AND <=1000 相同)
LIKE	匹配文本和备注字段中的模式字符串	LIKE "Geo"
IS NOT NULL	强制用户在字段中输入值。此设置与将 "必填" 字段属性设置为 "是" 具有相同的效果	IS NOT NULL
AND	指定输入的所有数据必须为 True 或在指定的范围内	>=#01/01/2018# AND <#01/01/2019#

续表

运算符	意　义	示　例
OR	指定可以有一段或多段数据为 True	一月 OR 二月
<	小于	
<=	小于或等于	
>	大于	
>=	大于或等于	
=	等于	
<>	不等于	

【例 2.18】对"学生"表的表结构做如下修改：

（1）"性别"字段的验证规则设置为其值只能取"男"或"女"，验证文本设置为"性别只能设置为'男'或'女'"。

（2）增加"入校时间"字段，该字段的验证规则设置为入校时间为当年 9 月 1 日之前，验证文本设置为"入校时间只能设置为当年 9 月 1 日之前"。

操作步骤如下：

（1）在设计视图下打开"学生"表。

（2）在窗口的上半部分单击"性别"字段名称。

（3）从窗口下半部分的"常规"选项卡中找到"验证规则"一项，在其后的文本框中输入"'男'or'女'"。

（4）在"常规"选项卡中找到"验证文本"一项，在其后的文本框中输入"性别只能设置为'男'或'女'"。

（5）在窗口的上半部分单击"入校时间"字段名称。

（6）从窗口下半部分的"常规"选项卡中找到"验证规则"一项，在其后的文本框中输入"<DateSerial(Year(Date()),9,1)"。

> **注：**DateSerial 函数是返回一个指定的日期，语法为 DateSerial (Year,Month,Day)，括号内的参数均为必需的参数。Year 是介于 100 ~ 9999 之间的数字或数字表达式，若是 0 ~ 99 之间的值则被认为是 1900 ~ 1999 年；Month 范围为从 1 ~ 12 的数字或数字表达式；Day 范围为从 1 ~ 31 的数字或数字表达式。
>
> Year() 函数是返回日期中的年份。

（7）在"常规"选项卡中找到"验证文本"一项，在其后的文本框中输入"入校时间只能设置为当年 9 月 1 日之前"。

（8）单击"保存"按钮保存对表所做的修改。

设置好数据验证规则，切换到数据表视图下，输入记录时，系统会对相应的字段进行有效性检查，如果输入的数据不符合设定的规则，就会出现带有验证文本提示信息的窗口，提示用户输入有效值。例如，如果在"性别"字段中输入了既不是"男"也不是"女"的非法值，则会出现图 2.53 所示的提示对话框。

图 2.53　自定义的验证文本提示对话框

如果只设置了"验证规则"而未设置"验证文本"，当字段值输入错误时，系统也会给出错误提示对话框，如图 2.54 所示，对话框中的内容是系统默认的。

图 2.54 系统定义的验证文本提示对话框

2.4.9 必填字段

该属性中只有"是"或"否"两个选项，某个字段设置该属性为"是"时，在输入该字段时，该字段的内容不允许为空。

2.5 建立表间关系

在 Access 数据库中，不同表中的数据之间都存在一种关系，这种关系将数据库中各张表中的每条数据记录都和数据库中唯一的主题相联系，这样可以进一步简化数据库的操作，以及完成更多复杂、烦琐的工作。

在数据库表之间建立联系，有助于保证表间数据在编辑过程中保持同步，即对一个数据表中记录进行的操作会影响到另一个表中的记录。

2.5.1 表间关系的作用

表间关系的主要作用是便于对多个表进行操作，通过关联字段将一个数据库中的多个表有机地连接成一个整体。建立表间关系的基本原则是：一个表的主键与其他表的外键建立关系。

2.5.2 参照完整性

在 Access 数据库中，除了要指定表间关系外，还应设立一些规则，这些规则将有助于数据的完整。参照完整性就是在添加或删除记录时，为维持表间已定义的关系而必须遵循的规则。如果实施了参照完整性，则在主表中没有关联的记录时，Access 不允许将记录添加到相关表的操作，也不允许更改主表记录以致造成相关表中记录没有对应项的操作。同样，也不允许当相关表中有相关记录与之匹配时删除主表记录的操作。即实施了参照完整性后，对表中主键字段进行操作时系统会自动地检查键字段，看看主键字段或外部键字段是否被增加、修改或删除。如果对键的修改出现了一种无效的关系，即违背了参照完整性，那么系统会自动地强制执行参照完整性。

2.5.3 定义表间关系

表间关系的类型有 3 种：一对一、一对多和多对多。对于表间关系设置了实施参照完整性的两个表来说，有主表和从表之分。

有主表和从表之分时，定义表间关系的字段在主表中必须是主键或无重复索引，表间关系的类型取决于从表中该字段是如何定义的：若该字段在从表中也是主键或无重复索引，则创建一对一关系；若在从表中是无索引或有重复索引，则创建一对多关系。

【例2.19】在"教学管理系统"数据库中为"教师"和"授课"两个表通过"教师编号"字段建立关系，"教师"表作为主表，"授课"表作为从表。

操作步骤如下：

（1）打开"教学管理系统"数据库，并关闭所有打开的表。创建或修改表间关系时不能对打开的表进行。

（2）单击"数据库工具"选项卡→"关系"组→"关系"按钮，打开"关系"窗口的同时，自动弹出"显示表"对话框，此时数据库中没有定义任何关系。

（3）在"显示表"对话框中选择"教师"表和"授课"表，分别单击"添加"按钮，将这两个表显示在"关系"窗口中，单击"关闭"按钮，将对话框关闭，如图2.55所示。

（4）定义两表之间的关系。将主表"教师"表中的"教师编号"字段拖动到"授课"表的"教师编号"字段上，弹出"编辑关系"对话框，如图2.56所示。

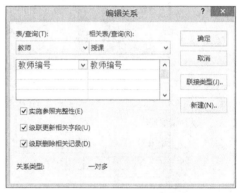

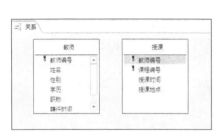

图2.55 "关系"窗口　　　　图2.56 "编辑关系"对话框

（5）设置完整性。勾选"编辑关系"对话框中的3个复选框，设置参照完整性，保证"授课"表中的"教师编号"都是"教师"表中记录的"教师编号"。单击"创建"按钮，可以看到"关系"窗口中两表之间加上了连线，如图2.57所示。

如果两表之间的关系是一对一关系，则连接两表的连线两端分别标注"1"。

如果两表之间的关系是一对多关系，则连接主表的一端标注"1"，从表的一端标注"∞"。

（6）单击"保存"按钮，单击"关闭"按钮，将"关系"窗口关闭。

图2.57 已建立关系的"关系"窗口

当两个表之间建立联系后，再打开主表"教师"表，可看到记录前出现一个"+"，单击该标记，可显示出与该记录相关的从表中的记录，结果如图2.58所示。

图2.58 建立关系后的主表"教师"表

2.5.4　验证参照完整性

在设置了参照完整性后，对从表输入和修改记录的操作会受到主表的约束。

【例 2.20】通过向从表"授课"表中输入新记录和修改记录验证参照完整性。

操作步骤如下：

（1）在数据表视图下打开从表"授课"表。

（2）向该表中输入一条新记录（0058，C0001，2018/4/11，405），由于这里的教师编号"0058"在主表"教师"表中不存在，单击新记录之后的下一条记录位置，弹出图 2.59 所示的对话框。

图 2.59　提示对话框

该对话框表示输入新记录的操作没有执行，这表明当设置了参照完整性之后，在从表中不能引用主表中不存在的实体。

（3）将该表的第一条记录的教师编号改为"0021"，单击新记录之后的下一条记录位置，同样也会出现提示该记录的教师编号无法更改的对话框。

在"编辑关系"对话框中勾选"实施参照完事性"复选框后，会激活另外两个复选框："级联更新相关字段"和"级联删除相关记录"。

"级联更新相关字段"复选框：设置用户是否可以修改主表中主键字段的记录内容。勾选该复选框，若用户修改了主表中主键字段的记录内容，则 Access 将核实修改的内容是否为新记录，即检查主表中有没有重复的记录。然后进入关联表的相关联的记录中，将连接字段中的旧值改为新值，以保证主表中主键字段和关联表中的相关字段保持同步的变更。

"级联删除相关记录"复选框：设置当用户试图删除主表中某一记录时，是否自动同步删除所有关联表中对应的记录。勾选该复选框时，用户删除主表中某个记录，则关联表中相对应的记录全部自动删除。

【例 2.21】验证"级联更新相关字段"和"级联删除相关记录"。

操作步骤如下：

（1）在数据表视图下打开主表"教师"表。

（2）将第一条记录"教师编号"字段的值由"0001"改为"0011"，单击"保存"按钮。

（3）在数据表视图下打开"授课"表，可以看到，该表中教师编号为"0001"的记录，其值自动变为"0011"，这就是"级联更新相关字段"。

图 2.60　删除主表"教师"表中的记录时出现的提示对话框

（4）将"教师"表中教师编号为"0010"的记录整个删除，这时出现图 2.60 所示的对话框，单击"是"按钮，然后单击"保存"按钮保存对表的修改。

（5）再次打开"授课"表，可以看到，该表中教师编号为"0010"的记录也被同步删除，这就是"级联删除相关记录"，如图 2.61 所示，其中最后两行有"#已删除的"标记的表示从表被删除的记录。

2.5.5　编辑表间关系

已经创建的表间关系可以进行编辑，包括修改和删

教师编号	课程编号	授课时间	授课地点
0011	C0001	2018/3/5	201
0011	C0005	2018/3/12	201
0002	C0002	2018/3/5	202
0003	C0001	2018/5/6	301
0004	C0003	2018/4/5	302
0005	C0011	2018/5/6	313
0006	C0009	2018/7/6	304
0007	C0010	2018/5/8	301
0008	C0009	2018/5/6	301
0009	C0003	2018/6/2	303
#已删除的	#已删除的	#已删除的	#已删除的
#已删除的	#已删除的	#已删除的	#已删除的

图 2.61　从表"授课"表中相关记录被删除

除。编辑关系时，首先关闭所有打开的表，然后打开"关系"窗口，在此窗格中可以编辑关系。

1. 删除建立的关系

单击要删除关系的连线，然后按 Del 键，在弹出的图 2.62 所示的对话框中单击"是"按钮，即可删除两个表之间的关系。

2. 修改表间关系和完整性设置

要修改两个表之间的关系，双击要更改关系的连线，弹出"编辑关系"对话框，可在此对话框中重新设置，然后再单击"创建"按钮。

删除和编辑关系也可以这样操作，在"关系"窗口中右击表间的连线，弹出图 2.63 所示的快捷菜单，其中只有两条命令选择相应的命令即可。

图 2.62　删除表间关系的提示对话框

图 2.63　快捷菜单

习　　题

"教学管理系统"中除了有"学生"表、"教师"表，还有"成绩"表、"课程"表、"授课"表以及"学院"表，请根据下面给定的表格内容补充建立各表，确定各表的关键字，并在"学生"表与"成绩"表之间、"学院"表与"教师"表之间、"教师"表与"授课"表之间、"课程"表与"成绩"表之间、"课程"表与"授课"表之间建立关系。

成　绩

学　号	课程编号	成　绩	学　号	课程编号	成　绩
2018010001	C0001	90	2018010006	C0001	90
2018010001	C0003	93	2018010006	C0009	89
2018010001	C0006	45	2018010007	C0001	80
2018010001	C0009	55	2018010007	C0009	56
2018010001	C0010	78	2018010008	C0001	78
2018010002	C0001	98	2018010008	C0009	69
2018010002	C0003	87	2018010009	C0001	39
2018010002	C0006	67	2018010009	C0009	60
2018010002	C0009	45	2018010010	C0001	67
2018010003	C0001	67	2018010010	wC0009	56
2018010003	C0002	67	2018010011	C0001	89
2018010003	C0009	78	2018010011	C0009	67
2018010004	C0001	89	2018010012	C0001	67
2018010004	C0009	34	2018010012	C0009	69
2018010005	C0001	67	2018010013	C0001	79
2018010005	C0009	89	2018010013	C0009	31

课　程

课程编号	课程名称	课程类型	学　时	学　分
C0001	计算机应用	必修	32	2
C0002	C# 程序	必修	32	2
C0003	高等数学	必修	64	4
C0004	VB 程序设计	选修	32	2
C0005	软件技术	必修	32	2
C0006	大学英语	必修	64	4
C0007	操作系统	选修	50	3
C0008	数据库	必修	50	3
C0009	大学物理	必修	40	2
C0010	大学体育	必修	40	2
C0011	人工智能	选修	12	1

授　课

教师编号	课程编号	授课时间	授课地点
0001	C0001	2018/3/5	201
0001	C0005	2018/3/12	201
0002	C0002	2018/3/5	202
0003	C0001	2018/5/6	301
0004	C0003	2018/4/5	302
0005	C0011	2018/5/6	3.3
0006	C0009	2018/7/6	304
0007	C0010	2018/5/8	301
0008	C0006	2018/6/1	302
0009	C0003	2018/6/2	303
0010	C0004	2018/6/3	201
0010	C0005	2018/6/4	202

学　院

学院编号	学院名称	教师人数	学院编号	学院名称	教师人数
01	理学院	30	03	中医学院	30
02	临床学院	60	04	公共管理	40

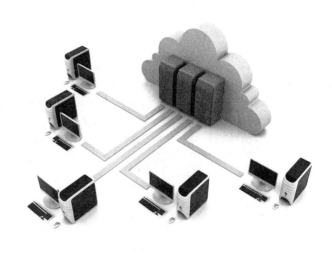

第3章
查　　询

在 Access 中，查询和数据表一样，也是一类对象。利用查询可以完成对数据的提取、分析和计算。

3.1　查　询　概　述

3.1.1　查询的功能

在 Access 中，查询的功能主要如下：

1. 对数据的提取功能

所需的数据源可以来自一个数据表也可以来自多个数据表，还可以来自已经建好的查询。既可以对数据表中的全部字段进行提取，也可以选择部分字段进行提取。

2. 对数据的分析功能

利用查询的结果可以对数据进行分析。例如，可以对数据进行排序、分组统计等。

3. 对数据的计算功能

在建立查询时，可以对数据进行计算。例如，可以进行统计，计算每个班的平均分、每个班的优秀率等。

4. 数据的更新功能

利用查询可以对记录进行更新、修改、删除和追加。可以在原数据表中进行操作，也可以生成新的数据表进行保存。

5. 作为其他对象的数据源

查询的结果可以作为其他对象如窗体或报表的数据源，也可作为其他查询的数据源。

3.1.2　查询的类型

在 Access 中，可以将查询分为选择查询、交叉表查询、参数查询、操作查询和 SQL 查询等。

1. 选择查询

选择查询是 Access 中最常用的一类查询，它从一个或多个数据表按指定条件提取数据，可以提取数据表的部分或全部字段，也可以产生新的字段用来保存计算结果，还可以按某个字段对记录进行分组统计汇总。

2. 交叉表查询

交叉表查询实际上是分组统计。分组字段为两个或两个以上。交叉表查询可以对数据进行总计、平均、计数、求和等计算。

3. 参数查询

参数查询在执行时显示对话框以提示用户输入相应要查询的信息，然后根据用户输入的信息来显示相应的运行结果。

4. 操作查询

操作查询和选择查询不同，可以对原数据进行更新、修改、删除等。操作查询有 4 种：

（1）生成表查询。生成表查询是从一个或多个表中选取全部或部分数据建立一个新表。

（2）删除查询。删除查询是先从表中选取满足条件的记录，然后再将这些记录从原表中删除。

（3）更新查询。更新查询可以对数据进行全局有规律的修改。

（4）追加查询。追加查询是将查询结果添加到表的尾部。

5. SQL 查询

SQL 查询是用户用结构化查询语句 SQL 语句在 SQL 视图下创建的，在 Access 中所有的查询都可以用 SQL 语句进行创建。

3.2 建立查询的方法和工具

3.2.1 建立查询的方法

在 Access 中，建立查询一般有 3 种方法，分别是使用查询向导创建查询、使用设计视图创建查询和 SQL 视图下创建查询。

1. 使用查询向导创建查询

单击"创建"选项卡→"查询"组→"查询向导"按钮，可用来创建查询。

【例 3.1】"学生"表中有学号、姓名、性别、出生日期、政治面貌、所属学院、专业、籍贯、简历 9 个字段，以该表为数据源，使用查询向导建立查询，要求输出表中所有的字段，查询名称为"学生信息查询"。

操作步骤如下：

（1）打开"教学管理系统"数据库。

（2）单击"创建"选项卡→"查询"组→"查询向导"按钮，弹出"新建查询"对话框，如图 3.1 所示。对话框中显示 4 种可以使用向导创建的查询，选择"简单查询向导"选项，单击"确定"按钮。

（3）在弹出的对话框中，单击"表/查询"下拉按钮，在其下拉列表中选择"学生"表，如图 3.2 所示。

图 3.1 "新建查询"对话框

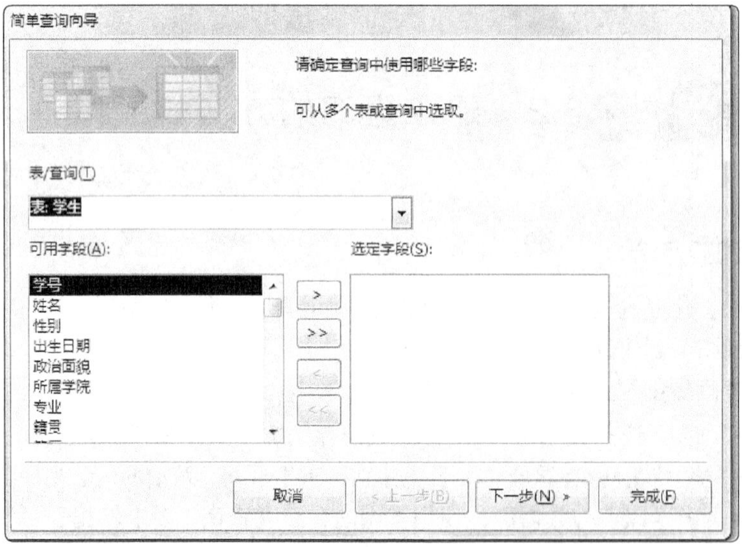

图 3.2 选取数据表

这时"学生"表中的所有字段显示在"可用字段"列表框中。双击"学号"字段,该字段即被添加到右侧的"选定字段"列表框中。也可以先选中要选定的字段,然后单击">"按钮。

如果要选定"可用字段"列表框中的所有可字段到"选定字段"列表框中,可直接单击">>"按钮。

这里选定所有可用字段,单击"下一步"按钮,在弹出的对话框中,为"请为查询指定标题"输入查询的标题"学生信息查询",如图 3.3 所示,单击"完成"按钮,查询建立完成。屏幕上显示新建查询的结果,如图 3.4 所示,同时在导航区增加"学生信息"查询的对象。

图 3.3 指定标题

学号	姓名	性别	出生日期	政治面貌	所属学院	专业	籍贯	简历
2018010001	陈华	男	2000/10/1	团员	理学院	计算机	宁夏	爱好摄影、乒乓、篮球
2018010002	李一平	男	2000/6/5	团员	临床学院	医学	宁夏	爱好游泳、书法、美术
2018010003	吴强	男	2001/6/7	群众	临床学院	医学	河北	爱好集邮、武术
2018010004	胡学平	女	2001/10/10	团员	中医学院	中药	宁夏	爱好美术、舞蹈
2018010005	李红	女	2001/9/1	团员	临床学院	麻醉	山西	爱好集邮、书法
2018010006	周兰兰	女	2001/5/4	团员	临床学院	医学	陕西	爱好舞蹈、书法
2018010007	王山山	女	2001/6/4	团员	中医学院	针推	河南	爱好摄影、旅游
2018010008	李清	女	2001/1/1	团员	临床学院	麻醉	湖北	爱好摄影、美术
2018010009	王楠	男	2000/7/5	团员	中医学院	针推	河南	爱好集邮、舞蹈
2018010010	周峰	男	2002/7/8	团员	理学院	计算机	湖南	爱好美术、唱歌
2018010011	李玉英	女	2000/8/9	群众	理学院	计算机	甘肃	爱好摄影、书法
2018010012	魏娜	女	2000/2/6	党员	临床学院	医学	甘肃	爱好书法、唱歌
2018010013	李峰	男	2001/5/6	团员	公共管理学院	公共管理	内蒙	爱好跑步、集邮

图 3.4 查询结果

2. 使用设计视图创建查询

利用查询向导建立的查询，只能对数据源中的字段进行简单的选定后输出。对于大部分的查询都需要设置查询条件，根据条件进行查询，这时只能使用设计视图来建立查询。

单击"创建"选项卡→"查询"组→"查询设计"按钮，弹出"显示表"对话框，添加相应的表，单击"关闭"按钮关闭"显示表"对话框，打开查询的设计视图窗口。设计视图窗口分为上下两个部分，如图 3.5 所示，上半部分是表或查询的输入部分，下半部分是用来进行查询设计的设计网格。设计网格中有如下内容：

（1）字段。查询结果中用来进行输出的字段。

（2）表。用来进行查询的数据源。

（3）排序。查询结果中字段的排序方式，有"升序"和"降序"两种方式。

（4）显示。是否在输出结果中显示字段，当对应字段的复选框被勾选时，表示该字段在查询结果中将被显示输出，否则不显示。

（5）条件。用来设置查询条件，如果有多个条件需要同时满足，则这几个条件应放在同一行，这几个条件

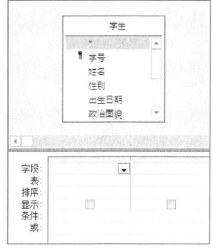

图 3.5 设计视图窗口

是逻辑"与"的关系。

（6）或。用来表示多个查询条件中的"或"的逻辑关系。

【例3.2】"学生"表中有9个字段，以该表为数据源，使用查询设计创建查询，查找有摄影爱好的学生记录，要求输出学号、姓名、简历3个字段，查询名称为"有摄影爱好的学生"。

操作步骤如下：

（1）打开"教学管理"数据库。

（2）单击"创建"选项卡→"结果"组→"查询设计"按钮，弹出"显示表"对话框，如图3.6所示。

（3）在选取数据时如果建立的查询的数据源来自表，则选择"表"选项卡；如果数据源来自已经建立的查询，则选择"查询"选项卡；如果数据源既有来自表的，也有来自已经建立的查询的，则选择"两者都有"选项卡。

本题中的数据源是"学生"表，所以选择"表"选项卡。

（4）在"表"选项卡中选择"学生"表，然后单击"添加"按钮，把该表添加到设计视图窗口。

（5）单击"关闭"按钮，关闭"显示表"对话框，出现设计视图窗口。

（6）在"字段"行第一列的下拉列表中选择"学号"字段，在"字段"行第二列的下拉列表中选择"姓名"字段，在"字段"行第三列的下拉列表中选择"简历"字段。

（7）设置选择条件。本题要求的条件是"有摄影爱好的学生"，在网格的"条件"行和"简历"字段列的交叉处输入查询条件：like"*摄影*"，如图3.7所示。

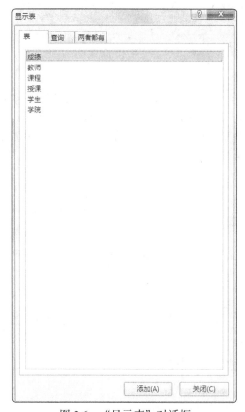

图3.6 "显示表"对话框

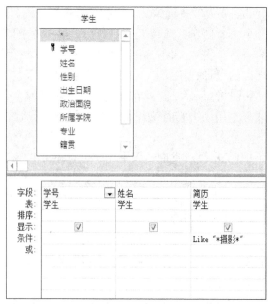

图3.7 有摄影爱好的学生查询条件设置

（8）运行查询。选择"设计"选项卡，Access 2016 会根据当前的操作步骤弹出下一步要进行的操作步骤的分组，如图 3-8 所示

（9）本题单击"设计"选项卡→"结果"组→"运行"按钮或者在"结果"→"视图"下拉列表中选择"数据表视图"选项，得到相应的查询结果，如图 3.9 所示。如果查询的结果不合适，可以重新切换到设计视图下进行修改。

（10）命名并保存查询。单击"文件"→"保存"命令，或单击查询结果右上角的"×"按钮，弹出是否保存查询的设计对话框，单击"是"按钮，弹出"另存为"对话框，输入查询名称"有摄影爱好的学生"。单击"确定"按钮关闭查询。

图 3.8 "设计"选项卡

学号	姓名	简历
2018010001	陈华	爱好摄影、乒乓、篮球
2018010007	王山山	爱好摄影、旅游
2018010008	李清	爱好摄影、美术
2018010011	李玉英	爱好摄影、书法

图 3.9 有摄影爱好的学生查询结果

3. 使用 SQL 视图创建查询 SQL

在 SQL 视图中创建查询，实际是在 SQL 视图中直接输入 SQL 语句建立查询。后面会单独介绍 SQL 查询语句。

【例 3.3】在"SQL 视图"下输入如下 SQL 语句：

```
select 学生.学号,学生.姓名,学生.简历
from 学生
where ((学生.简历) like "*摄影*");
```

切换到数据表视图下预览查询结果，查询名称为"SQL 查询有摄影爱好的学生"。

操作步骤如下：

（1）打开"教学管理"数据库。

（2）单击"创建"选项卡→"查询"组→"查询设计"按钮。

（3）弹出"显示表"对话框，单击"关闭"按钮，关闭"显示表"对话框。

（4）单击"开始"选项卡→"视图"→"SQL 视图"按钮。

（5）在 SQL 视图下输入如上的语句，如图 3.10 所示。

（6）单击"开始"选项卡→"视图"→"数据表视图"按钮，查看预览结果，会发现与例 3.2 的结果相同。

（7）命名和保存。单击"保存"按钮，弹出"另存为"对话框，输入查询名称"SQL 查询有摄影爱好的学生"。

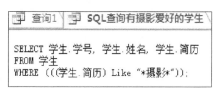

图 3.10 SQL 视图下的 SQL 语句

3.2.2 操作说明搜索

"操作说明搜索"是 Access 2016 中新增加的一个功能，注释为"只需在这里输入内容，即可轻松利用功能并获得帮助"，左边是一个灯泡的图标，单击旁边的文字"操作说明搜索"会出现一个文本框，可以在其中输入与接下来要执行的操作相关的字词和短语、快速访问要使用的功能或要执行的操作；还可以选择获取与要查找的内容相关的帮助。

如在例 3.2 中要查找"运行"按钮，只需在"操作说明搜索"文本框中输入"运行"，就会出现与"运行"相关的按钮和命令，如图 3.11 所示。

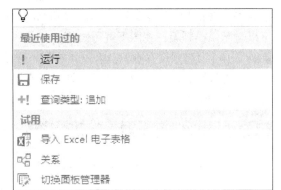

图 3.11 操作说明搜索选项

3.2.3 查询的运行

建立查询后，需要进行运行才能生成查询结果。运行查询有如下几种方法：

（1）选择"设计"选项卡，在"结果"组中单击"运行"按钮。

（2）在"操作说明搜索"文本框中输入"运行"，出现"运行"按钮后单击该按钮运行即可。

（3）在设计视图窗口中单击"开始"选项卡→"视图"组→"数据表视图"按钮预览运行。

（4）在导航窗格中，双击要运行的查询名称。

（5）在导航窗格中，选中要运行的查询名称并右击，在弹出的快捷菜单中选择"打开"命令。

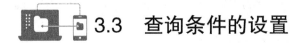

3.3 查询条件的设置

除了利用查询向导创建查询，其他的查询都要指定查询条件。查询条件是用运算符将常量、字段名（变量）、函数连接起来构成的表达式，也称查询表达式。

3.3.1 查询条件中使用的运算符

1. 算数运算符

算数运算符用于实现常见的算数运算。表 3.1 为常用的算数运算符含义及示例。

表 3.1 常用的算数运算符含义及示例

运算符	含　义	表达式	结　果
+	加法	1+2	3
-	减法	5-1	4
*	乘法	1*2	2
/	浮点除法	7/3	2.333333
^	乘方	3^2	9
\	整除	7\3	2
mod	取余	7 mod 2	1

2. 关系运算符

关系运算发用来比较两个运算量的大小关系，关系表达式的运算结果为逻辑值。若关系成立，则结果为 True；若关系不成立，则结果为 False。表 3.2 为关系运算符及其示例。

表 3.2 关系运算符及其示例

运算符	含 义	表达式	结 果
>	大于	3>2	True
<	小于	3<2	False
>=	大于等于	"abc">="bc"	True
<=	小于等于	5<=6	False
=	等于	"abc"="ABC"	False
<>	不等于	"abc"<>"ABC"	True

3. 逻辑运算符

逻辑运算符用于逻辑运算。结果为逻辑值，若逻辑成立，则结果为 True；若逻辑不成立，则结果为 False。

表 3.3 为逻辑运算符及其示例。

表 3.3 逻辑运算符及其示例

运算符	含 义	表达式	结 果
Not	非	Not(5>4)	False
And	与	2>1 And 3>2	True
Or	或	2<1 Or 3>2	True

4. 其他的特殊运算符

除了上面几类运算符外，还有几个特殊的运算符，如表 3.4 所示。

表 3.4 几个特殊的运算符及含义

运算符	含 义
Like	用通配符查找文本型字段值是否与其匹配； 通配符是 ？，匹配任意单个字符；通配符是 *，匹配任意多个字符；通配符是 #，匹配任意单个数字；通配符是 !，不匹配指定的字符； [字符列表]，匹配任何在列表中的单个字符
In	指定值属于列表中所列出的值
Between...And...	指定值的范围在…到…之间
Is Null	确定字段值为空值
Is Not Null	确定字段值不为空值
&	将两个字符串进行连接

例如，以下是相应的查询条件及其表达式的书写：

（1）出生日期在 1985 年 1 月 1 日到 1989 年 12 月 31 日的表达式。

```
Between #1985/1/1# And #1989/12/31#
```

（2）职称为教授或副教授的表达式。

```
In ("教授", "副教授")
```

（3）没有参加考试（即成绩为空值）的条件表达式。

```
Is Null
```

（4）姓名是姓"张"的表达式。

```
Like "张 *"
```

（5）学号第一位是0，第二位是0、1（即00级、01级学生）的表达式。

```
Like "0[01]*"
```

（6）将"abc"和"def"进行连接的表达式。

```
"abc"&"def"
```

> **注：**在书写常量时，如果是日期型常量，要用"#"将日期括起来；文本型常量，要用半角的双引号 "" 将文本括起来；数字常量直接书写。
>
> 以上在条件行中书写的字符除了中文文字，其他所有字符都是在英文半角状态下进行输入。

3.3.2 运算符的优先级

在一个表达式中如果有多个运算符，则在进行运算时会按照确定的顺序进行计算求解，这称为运算符的优先级。

运算符的优先级为括号 > 算数运算符 > 连接运算符 > 关系运算符 > 逻辑运算符。

算数运算符的优先级：乘方（^）> 负数（-）> 乘法和除法（*、/）> 整除（\）> 取余（mod）> 加法和减法（+、-）。

关系运算符的优先级：相等（=）> 不等于（<>）> 小于（<）> 大于（>）> 小于等于（<=）> 大于等于（>=）。

逻辑运算符的优先级别：Not>And>Or。

3.3.3 条件中使用的函数

Access中提供的函数也可用来构建查询条件。按照标准函数的类别，大致可分为如下函数：

1. 数值函数

1）Abs(数值表达式)

功能：返回数值表达式值的绝对值。

2）Int(数值表达式)

功能：返回数值表达式值的整数部分。

3）Sqr(数值表达式)

功能：返回数值表达式的平方根。

4）Sgn(数值表达式)

功能：返回数值表达式值的符号值，如果表达式的值大于0，则返回值为1；如果表达式的值小于0，则返回值为 -1；如果表达式的值等于0，则返回值为0。

5）Round(数值表达式)

功能：按照指定的小数位数进行四舍五入。

2. 字符串函数

1）Left(字符串表达式，N)

功能：从字符串左边起截取 N 个字符构成的子串。

2）Right(字符串表达式，N)

功能：从字符串右边起截取 N 个字符构成的子串。

3）Mid(字符串表达式，N1，N2)

功能：从字符串左边第 N1 个字符起截取 N2 个字符所构成的字符串。

4）Space(字符表达式)

功能：返回数值表达式的值指定的空格字符数。

5）String (n，文本表达式)

功能：返回由 "文本表达式"的第 1 个字符组成的字符串，字符个数是 n 个。

6）Len(文本表达式)

功能：返回文本表达式中字符的个数，即字符串的长度。

7）Ltrim(文本表达式)

功能：返回的字符串中去掉文本表达式的前导空格。

8）Rtrim(文本表达式)

功能：返回的字符串中去掉文本表达式的尾部空格。

9）Trim(文本表达式)

功能：返回的字符串中同时去掉文本表达式的前导空格和尾部空格。

10）InStr(字符串 1, 字符串 2)

功能：用于在字符串 1 中搜索字符串 2 所在的起始位置。

3. 日期 / 时间函数

1）Now()

功能：返回系统当前的日期时间。

2）Date()

功能：返回系统当前的日期。

3）Time()

功能：返回系统当前的时间。

4）Day(日期表达式)

功能：返回日期表达式中的日。

5）Month(日期表达式)

功能：返回日期表达式中的月份。

6）Year(日期表达式)

功能：返回日期表达式中的年份。

7）Weekday(日期表达式)

功能：返回日期表达式中的星期，从星期日到星期六的值分别是 1 ～ 7。

8）Hour(时间表达式)

功能：返回时间表达式中的小时值。

9）Minute(时间表达式)

功能：返回时间表达式中的分钟。

10）Second(时间表达式)

功能：返回时间表达式中的秒。

11）DateSerial(表达式 1，表达式 2，表达式 3)

功能：返回指定年月日的日期，其中表达式 1 为年，表达式 2 为月，表达式 3 为日，表达式 1、表达式 2、表达式 3 都为整型数值。

3.4 选 择 查 询

3.4.1 创建选择查询

【例 3.4】以"学生"表为数据源，创建一个查询，查找并显示所有"李"姓学生，要求显示"学号"、"姓名"和"出生日期"字段。查询名称为"所有李姓学生信息"。

操作步骤如下：

（1）打开"教学管理系统"数据库。

（2）单击"创建"选项卡→"查询"组→"查询设计"按钮，弹出"显示表"对话框。

（3）选择数据源。在"显示表"对话框中选择"学生"表，再单击"添加"按钮，该表被添加到设计视图窗口，单击"关闭"按钮，关闭"显示表"对话框。

（4）选择输出字段。在查询设计视图下半部分的"字段"行第一列的下拉列表中选择"学号"字段，在"字段"行第二列的下拉列表中选择"姓名"字段，在"字段"行第三列的下拉列表中选择"出生日期"字段。

（5）设置选择条件。本题要求的条件是查找并显示所有"李"姓学生，在网格的"条件"行和"姓名"字段列的交叉处输入查询条件：like " 李 *"，如图 3.12 所示。

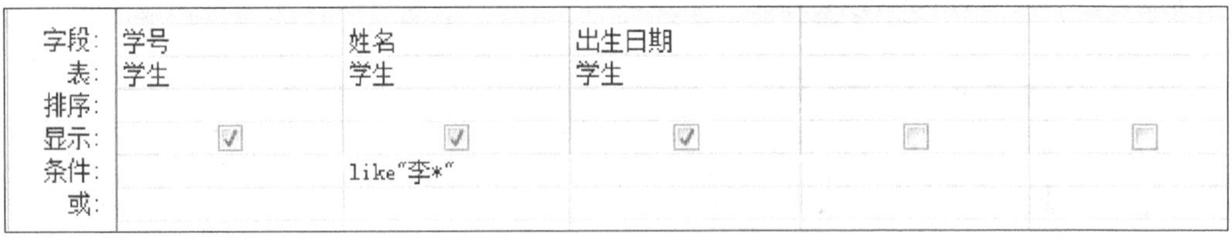

字段	学号	姓名	出生日期		
表	学生	学生	学生		
排序					
显示	☑	☑	☑	☐	☐
条件		like "李*"			
或					

图 3.12　查找并显示所有"李"姓学生的信息条件设置

（6）运行查询。单击"设计"选项卡→"结果"组→"运行"按钮，相应的查询结果如图 3.13 所示。

（7）命名并保存查询。单击"保存"按钮，或单击查询结果右上角的"×"按钮，在弹出的"另存为"对话框中输入查询名称"所有李姓学生信息"。单击"确定"按钮关闭查询。

学号	姓名	出生日期
2018010002	李一平	2000/6/5
2018010005	李红	2001/9/1
2018010008	李清	2001/1/1
2018010011	李玉英	2000/8/9
2018010013	李峰	2001/5/6

图 3.13　查询结果

【例 3.5】以"学生"表为数据源，创建一个查询，查找并显示没有书法爱好的学生信息。要求显示"学号"、"姓名"和"简历"字段，查询名称为"没有书法爱好的学生信息"。

操作步骤如下：

（1）打开"教学管理系统"数据库。

（2）单击"创建"选项卡→"查询"组→"查询设计"按钮，弹出"显示表"对话框。

（3）选择数据源。在"显示表"对话框中选择"学生"表，再单击"添加"按钮，该表被添加到设计视图窗口，单击"关闭"按钮，关闭"显示表"对话框。

（4）选择输出字段。在查询设计视图下半部分的"字段"行第一列的下拉列表中选择"学号"字段，在"字段"行第二列的下拉列表中选择"姓名"字段，在"字段"行第三列的下拉列表中选择"简历"字段。

（5）设置选择条件。本题要求的条件是：没有书法爱好的学生，在网格的"条件"行和"简历"字段列的交叉处输入查询条件：not like"* 书法 *"，如图 3.14 所示。

图 3.14 没有书法爱好的学生信息条件设置

（6）运行查询。单击 "查询工具—设计"选项卡→"结果"组→"运行"按钮，相应的查询结果如图 3.15 所示。

（7）命名并保存查询。单击"保存"按钮，弹出"另存为"对话框，输入查询名称"没有书法爱好的学生信息"。单击"确定"按钮关闭查询。

3.4.2 新字段的创建

图 3.15 没有书法爱好的学生信息查询结果

在建立查询时，有时为了实际需要，需增加新的字段进行输出，这时就要在查询中创建新的字段。

1. 一般新字段的创建

【例 3.6】以"学生"表为数据源，创建一个查询，将学生的"学号"和"姓名"字段合并输出，名称为"学号姓名"，输出显示字段为"学号姓名"、"性别"、"出生日期"和"民族"字段，建立的查询名称为"学生学号姓名"。

操作步骤如下：

（1）打开"教学管理系统"数据库。

（2）单击"创建"选项卡→"查询"组→"查询设计"按钮，弹出"显示表"对话框。

（3）选择数据源。在"显示表"对话框中选择"学生"表，再单击"添加"按钮，该表被添加到设计视图窗口，单击"关闭"按钮，关闭"显示表"对话框。

（4）选择输出字段，增加新字段"学号姓名"。在"学生"表中没有"学号姓名"这个字段，这个字段是新增加的字段，是把"学生"表中"学号"和"姓名"两个字段合并后输出的。在查询设计视图下半部分的"字段"行第一列中输入"学号姓名 :[学号]+[姓名]"。

（5）新字段创建完毕，接着在"字段"行第二列的下拉列表中选择"性别"字段，在"字段"行第三列的下拉列表中选择"出生日期"字段，在"字段"行第四列的下拉列表中选择"民族"字段。

> **注：** 以上输入的":"和"[]"等符号，必须是在英文半角状态下输入，要引用表中的字段，必须用 [] 把字段括起来；要让选定的字段显示输出，必须在"显示"行勾选相应字段的复选框，否则不显示相应字段。

（6）设置选择条件。这里没有选择条件，所以"条件"行空缺。设置的结果如图 3.16 所示。

字段	学号姓名: [学号]+[姓名]	性别	出生日期	民族 ▼
表		学生	学生	学生
排序				
显示	☑	☑	☑	☑
条件				
或				

图 3.16　学生的"学号""姓名"字段合并输出的设置

（7）运行查询。单击 "查询工具—设计" 选项卡→"结果"组→"运行" 按钮。相应的查询结果如图 3.17 所示。

（8）命名并保存查询。单击"保存"按钮，弹出"另存为"对话框，输入查询名称"学生学号姓名"。单击"确定"按钮关闭查询。

学号姓名 ▾	性别 ▾	出生日期 ▾	民族 ▾
2018010001陈华	男	2000/10/1	回族
2018010002李一平	男	2000/6/5	回族
2018010003吴强	男	2001/6/7	汉族
2018010004胡学平	女	2001/10/10	汉族
2018010005李红	女	2001/9/1	汉族
2018010006周兰兰	女	2001/5/4	汉族
2018010007王山山	女	2001/6/4	汉族
2018010008李清	女	2001/1/1	汉族
2018010009王楠	男	2000/7/5	回族
2018010010周峰	男	2002/7/8	汉族
2018010011李玉英	女	2000/8/9	汉族
2018010012魏娜	女	2000/2/6	汉族
2018010013李峰	男	2001/5/6	蒙古族

图 3.17　学生学号姓名合并输出的结果

【例 3.7】以"学生"表为数据源，创建一个查询，查找 2000 年出生的少数民族男同学的记录，显示字段为"学号"、"姓名"、"性别"、"出生年"和"民族"字段，查询名称为"2000年出生少数民族男同学的信息"。

操作步骤如下：

（1）打开"教学管理系统"数据库。

（2）单击"创建"选项卡→"查询"组→"查询设计"按钮，弹出"显示表"对话框。

（3）选择数据源。在"显示表"对话框中选择"学生"表，再单击"添加"按钮，该表被添加到设计视图窗口，单击"关闭"按钮，关闭"显示表"对话框。

（4）选择输出字段。在设计视图下半部分的"字段"行第一列的下拉列表中选择"学号"字段，在"字段"行第二列的下拉列表中选择"姓名"字段，在"字段"行第三列的下拉列表中选择"性别"字段，在"字段"行第五列的下拉列表中选择"民族"字段。

（5）增加新字段：出生年。在"学生"表中没有"出生年"这个字段，这个字段是一个新增加的字段，并且这个字段的年这个值需要用函数 year() 从"出生日期"这个字段中提取，所以在"字段"行第四列的下拉列表中输入：出生年 :Year([出生日期])。

（6）设置选择条件。本题要求的条件是 2000 年出生的少数民族男同学，这里需要设置 3 个条件："2000 年出生""少数民族""男同学"，这 3 个条件之间是并列关系，应该放在同一行。网格的"条件"行和"性别"字段列的交叉处输入查询条件:" 男 "；网格的"条件"行和"出生年"字段列的交叉处输入查询条件:2000；网格的"条件"行和"民族"字段列的交叉处输入查询条件:not like" 汉族 "，如图 3.18 所示。

图 3.18　查询 2000 年出生少数民族男同学的条件设置

（7）运行查询。单击 "查询工具—设计"选项卡→"结果"组→"运行"按钮，相应的查询结果如图 3.19 所示。

（8）命名并保存查询。单击"保存"按钮，弹出"另存为"对话框，输入查询名称"2000 年出生少数民族男同学的信息"。单击"确定"按钮关闭查询。

学号	姓名	性别	出生年	民族
2018010001	陈华	男	2000	回族
2018010002	李一平	男	2000	回族
2018010009	王楠	男	2000	回族

图 3.19　2000 年出生少数民族男同学的信息查询结果

2. 具有计算功能新字段的创建

【例 3.8】以"学生"表为数据源，创建一个查询，按学生的年龄降序排列输出，输出显示字段为"学号"、"姓名"、"性别"和"年龄"，查询名称为"学生年龄降序显示"。

操作步骤如下：

（1）打开"教学管理系统"数据库。

（2）单击"创建"选项卡→"查询"组→"查询设计"按钮，弹出"显示表"对话框。

（3）选择数据源。在"显示表"对话框中选择"学生"表，再单击"添加"按钮，该表被添加到设计视图窗口，单击"关闭"按钮，关闭"显示表"对话框。

（4）选择输出字段。在设计视图下半部分的"字段"行第一列的下拉列表中选择"学号"字段，在"字段"行第二列的下拉列表中选择"姓名"字段，在"字段"行第三列的下拉列表中选择"性别"字段。在"字段"行第四列中输入新字段：年龄 :Year(Date())-Year([出生日期])。"年龄"字段的计算表达式为"当年系统的年 - 出生年"。

（5）设置排序。在"排序"行和"年龄"字段的交叉处选择"降序"。设置结果如图 3.20 所示。

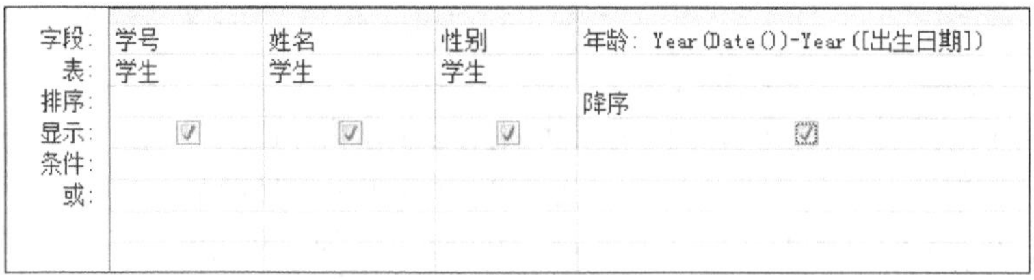

字段:	学号	姓名	性别	年龄: Year(Date())-Year([出生日期])
表:	学生	学生	学生	
排序:				降序
显示:	☑	☑	☑	☑
条件:				
或:				

图 3.20 学生年龄降序显示的条件设置

（6）运行查询。单击"设计"选项卡→"结果"组→"运行"按钮。相应的查询结果如图 3.21 所示。

（7）命名并保存查询。单击"保存"按钮，弹出"另存为"对话框，输入查询名称"学生年龄降序显示"。单击"确定"按钮关闭查询。

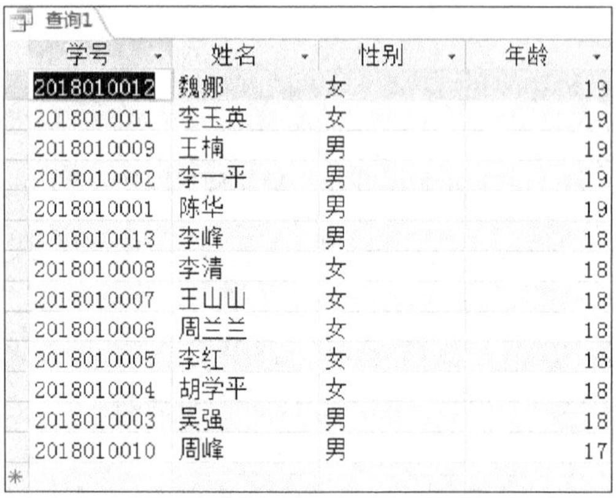

图 3.21 学生年龄降序显示的查询结果

3.4.3 总计查询

总计查询可以统计表中所有记录的个数，求平均值，求最大、最小值，求和等。在设计视图下单击"设计"选项卡→"显示/隐藏"组→"汇总"按钮，可以在设计视图网格中显示"总计"行。总计行中共有 12 个总计项，其名称含义如表 3.5 所示。

表 3.5 总计项名称及含义

总计项	含　义	总计项	含　义
Group By	定义用来分组的字段	StDev()	计算某个字段的标准差
合计	对某个字段值求和	First	求出所执行计算组中第一条记录
平均值	对某个字段求平均	Last	求出所执行计算组中最后一条记录
最小值	计算某个字段的最小值	Expression	创建表达式中包含统计函数的计算字段
最大值	计算某个字段的最大值	Where	指定分组满足的条件
计数	计算某个字段中非空值的个数		

【例 3.9】以"学生表"为数据源统计学生总人数，查询名称为"学生人数统计"。

操作步骤如下：

（1）打开"教学管理系统"数据库。

（2）单击"创建"选项卡→"查询"组→"查询设计"按钮，弹出"显示表"对话框。

（3）选择数据源。在"显示表"对话框中选择"学生"表，再单击"添加"按钮，该表被添加到设计窗格。单击"关闭"按钮，关闭"显示表"对话框。

（4）选择输出字段。在设计视图下半部分的"字段"行第一列的下拉列表中选择"学号"字段，单击"设计"选项卡→"显示/隐藏"组→"汇总"按钮，在随后出现的"总计"行第一列单击，在右侧的下拉列表中选择"计数"。

（5）增加新字段：学生人数。在"字段"第一列中输入：学生人数:[学号]，如图 3.22 所示。

（6）运行查询。单击"查询工具→设计"选项卡→"结果"组→"运行"按钮。相应的查询结果如图 3.23 所示。

图 3.22　学生人数统计条件设置

图 3.23　学生人数统计结果

（7）命名并保存查询。单击"保存"按钮，弹出"另存为"对话框，输入查询名称"学生人数统计"。单击"确定"按钮关闭查询。

3.4.4　分组总计查询

查询中，如果需要对记录进行分类统计，可以使用分组统计功能。分组统计时，需要在设计视图下将用于分组的"总计"行设置成"Group By"即可。

【例 3.10】以"成绩"表和"学生"表为数据源，计算每个学生的平均成绩，并按平均成绩降序输出，要求查询结果中有学号、姓名和平均成绩 3 项。查询名称为"学生平均成绩查询"。

操作步骤如下：

（1）打开"教学管理系统"数据库。

（2）单击"创建"选项卡→"查询"组→"查询设计"按钮，弹出"显示表"对话框。

（3）选择数据源。在"显示表"对话框中选择"学生"表，再单击"添加"按钮，该表被添加到设计窗格，同理。选择"成绩"表，把"成绩"表添加进去。单击"关闭"按钮，关闭"显示表"对话框。

（4）选择输出字段。在设计视图下半部分的"字段"行第一列的下拉列表中选择"学生"表的"学号"字段，在"字段"行第二列的下拉列表中选择"学生"表的"姓名"，在"字段"行第三列的下拉列表中选择"成绩"表的"成绩"字段，单击"设计"选项卡→"显示/隐藏"组→"汇总"按钮，在随后出现的"总计"行第三列单击，在右侧的下拉列表中选择"平均值"。

（5）降序输出。在"排序"字段的第三列和"平均成绩"交叉处的下拉列表中选择"降序"。

（6）增加新字段：学生人数。在"字段"第三列中输入：平均成绩:[成绩]，如图 3.24 所示。

（7）运行查询。单击"设计"选项卡→"结果"组→"运行"按钮。相应的查询结果如图 3.25 所示。

字段:	学号	姓名	平均成绩: [成绩]	
表:	学生	学生	成绩	
总计:	Group By	Group By	平均值	
排序:			降序	
显示:	☑	☑	☑	☐
条件:				
或:				

查询1		
学号	姓名	平均成绩
2018010006	周兰兰	89.5
2018010011	李玉英	78
2018010005	李红	78
2018010002	李一平	74.25
2018010008	李清	73.5
2018010001	陈华	72.2
2018010003	吴强	70.6666666666667
2018010012	魏娜	68
2018010007	王山山	68
2018010010	周峰	61.5
2018010004	胡学平	61.5
2018010013	李峰	55
2018010009	王楠	49.5

图 3.24　学生平均成绩查询条件设置　　　　图 3.25　学生平均成绩查询结果

（8）命名并保存查询。单击"保存"按钮，弹出"另存为"对话框，输入查询名称"学生平均成绩查询"。单击"确定"按钮，关闭查询。

3.4.5　多表查询中连接属性的设置

如果一个查询涉及多个数据表，可以使用连接功能来获取所需信息。根据表之间的关系，连接帮助查询只返回各表中所需查看的记录信息。常见的连接方式有内部连接和外部连接两种。内部连接是最常用的连接形式。进行内部连接时其中一个连接表中的行与另一个表中的行相对应，查询运行时只包含这两个连接表中存在公共值的行。外部连接分为左外部连接和右外部连接。对于左外部连接，第一个表包含所有行，另一个表只包含两个表的连接字段值相同的行；对于右外部连接，第二个表包含所有行，第一个表只包含两个表的连接字段值相同的行。

【例 3.11】以"学生"表、"课程"表和"成绩"表为数据源，创建一个查询，查找所有学生的选课成绩。输出字段包含"学号"、"姓名"、"课程名称"和"成绩"。查询名称为"学生选课信息查询"。

操作步骤如下：

（1）打开"教学管理系统"数据库。

（2）单击"创建"选项卡→"查询"组→"查询设计"按钮，弹出"显示表"对话框。

（3）选择数据源。在本题中要输出的字段涉及 3 个数据表："学生"表、"课程"表和"成绩"表，所以在添加数据时需要把这 3 个表都添加进去，而且这 3 个数据表之间应该建立关系，如图 3.26 所示。

在"显示表"对话框中选择"学生"表，再单击"添加"按钮，该表被添加到设计窗格。同理，选择"成绩"表和"课程"表，把"成绩"表和"课程"表都添加进去。单击"关闭"按钮，关闭"显示表"对话框。

（4）选择输出字段。在设计视图下半部分的"字段"行第一列的下拉列表中选择"学生"表的"学号"字段，在"字段"第二列的下拉列表中选择"学生"表的"姓名"字段，在"字段"行第三列的下拉列表中选择"课程"表的"课程名称"字段，在"字段"行第四列的下拉列表中选择"成绩"表的"成绩"字段，如图 3.27 所示。

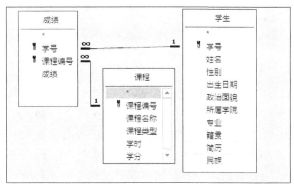

图 3-26　表间关系

字段:	学号	姓名	课程名称	成绩	▼
表:	学生	学生	课程	成绩	
排序:					
显示:	☑	☑	☑	☑	
条件:					
或:					

图 3.27　学生选课信息条件设置

（5）运行查询。单击"查询工具—设计"选项卡→"结果"组→"运行"按钮。相应的查询结果如图 3.28 所示。

学号	姓名	课程名称	成绩
2018010001	陈华	计算机应用	90
2018010001	陈华	高等数学	93
2018010001	陈华	大学英语	45
2018010001	陈华	大学物理	55
2018010001	陈华	大学体育	78
2018010002	李一平	计算机应用	98
2018010002	李一平	高等数学	87
2018010002	李一平	大学英语	67
2018010002	李一平	大学物理	45
2018010003	吴强	计算机应用	67
2018010003	吴强	C#程序	67
2018010003	吴强	大学物理	78
2018010004	胡学平	计算机应用	89
2018010004	胡学平	大学物理	34
2018010005	李红	计算机应用	67
2018010005	李红	大学物理	89
2018010006	周兰兰	计算机应用	90
2018010006	周兰兰	大学物理	89
2018010007	王山山	计算机应用	80
2018010007	王山山	大学物理	56
2018010008	李清	计算机应用	78
2018010008	李清	大学物理	69
2018010009	王楠	计算机应用	39
2018010009	王楠	大学物理	60
2018010010	周峰	计算机应用	67
2018010010	周峰	大学物理	56
2018010011	李玉英	计算机应用	89
2018010011	李玉英	大学物理	67
2018010012	魏娜	计算机应用	67
2018010012	魏娜	大学物理	69

图 3.28　学生选课信息查询结果

（6）命名并保存查询。单击"保存"按钮，弹出"另存为"对话框，输入查询名称"学生选课信息查询"。单击"确定"按钮关闭查询。

3.5 交叉表查询

在上节介绍的分组总计查询时，分组的字段只有一个，如果分组字段为两个或两个以上，分组总计查询的功能就无法完成，需要使用本节介绍的交叉表查询。交叉表查询可以完成数据的总计、平均值、计数等计算。在创建交叉表查询时，需要指定 3 类字段，分别为行标题、列标题和总计项。放在查询表最左边的分组字段构成行标题，构成行标题的字段最多可以有 3 个；放在查询表最上边的分组字段构成列标题，列标题只能有 1 个字段；放在查询表行和列交叉位置上的字段用于求总计项，如计数、求平均、求和等。

创建交叉表查询有两种方式：使用"查询向导"和使用设计视图来创建。

3.5.1 使用"查询向导"创建交叉表查询

【例 3.12】以"学生"表为数据源，统计各学院的男女生人数，查询名称为"各学院男女生人数统计"。

操作步骤如下：

（1）打开"教学管理系统"数据库。

（2）单击"创建"选项卡→"查询"组→"查询向导"按钮，弹出"新建查询"对话框，选择"交叉表查询向导"，如图 3.29 所示，然后单击"确定"按钮。

图 3.29 "新建查询"对话框 1

（3）在弹出的对话框中选择表或查询中含有交叉表查询所需的字段，如图 3.30 所示。这里选择"学生"表。

（4）单击"下一步"按钮，在弹出的对话框中，选择"可用字段"列表框中的"所属学院"字段，然后单击">"按钮把它添加到"选定字段"列表框中，如图 3.31 所示。

（5）单击"下一步"按钮，在弹出的对话框中，选择"性别"字段，如图 3.32 所示。

图 3.30　"交叉表查询向导"对话框 1

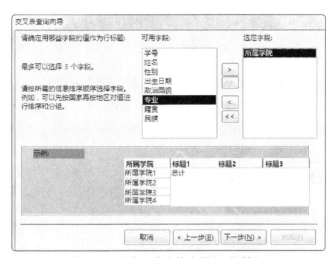

图 3.31　"交叉表查询向导"对话框 2

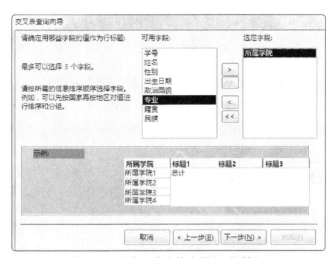

图 3.32　"交叉表查询向导"对话框 3

（6）单击"下一步"按钮，在弹出的对话框中，选择"字段："列表框中的"学号"字段，然后选择"函数："列表框中的"计数"。因为不需要为每行作小计，取消勾选"是，包括各行小计（Y）"复选框，如图3.33所示。

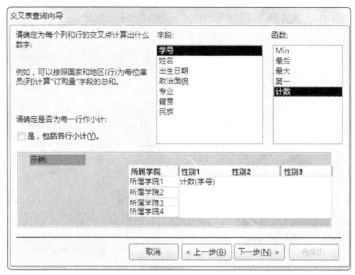

图3.33　取消勾选"是，包括各行小计"复选框

（7）单击"下一步"按钮，询问"请指定查询的名称："，在"请指定查询的名称："下面的文本框中输入查询的名称"各学院男女生人数统计"。

单击"完成"按钮，查询结果如图3.34所示。

所属学院	男	女
公共管理学院	1	
理学院	2	1
临床学院	2	4
中医学院	1	2

图3.34　查询结果

3.5.2　使用"设计视图"创建交叉表查询

【例3.13】创建一个交叉查询，分别统计每个学院男生和女生成绩的平均值。查询名称为"各学院男女生成绩平均值"。

操作步骤如下：

本题中分组字段有2个，其中学院名称作为行标题，"性别"作为列标题。

（1）打开"教学管理系统"数据库。

（2）单击"创建"选项卡→"查询"组→"查询设计"按钮，弹出"显示表"对话框。

（3）选择数据源。本题中为了建立查询需要把数据库中所有的表都添加进去。各表间建立的关系如图3.35所示。在"显示表"对话框中把"学生"表、"成绩"表、"课程"表、"授课"表、"教师"表、"学院"表分别添加到查询的设计窗格中，单击"关闭"按钮，关闭"显示表"对话框。

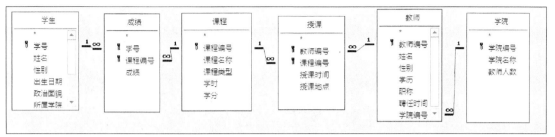

图 3.35　数据库各表间的关系

（4）在设计视图下半部分的"字段"行的第一列选择"学院"表的"学院名称"字段，在"字段"行的第二列选择"学生"表的"性别"字段，在"字段"行的第三列选择"成绩"表的"成绩"字段。

（5）增加新字段：成绩平均值。在"字段"行的第三列输入：成绩平均值：成绩。

（6）指定计算数据。单击"设计"选项卡→"查询类型"组→"交叉表"按钮，在设计视图下半部分窗格出现"交叉表"行和"总计"行。

（7）指定行标题、列标题和计算值。在"交叉表"行第一列下拉列表中选择"行标题"，在"交叉表"行第二列下拉列表中选择"列标题"，在"交叉表"行第三列下拉列表中选择"值"。

（8）选择"值"计算字段。在"总计"行和"值"对应的第三列下拉列表中选择"平均值"。设置后的结果如图 3.36 所示。

字段:	学院名称 ▼	性别	成绩平均值: 成绩
表:	学院	学生	成绩
总计:	Group By	Group By	平均值
交叉表:	行标题	列标题	值
排序:			
条件:			
或:			

图 3.36　设计视图下交叉表查询设置

（9）运行查询。单击 "查询工具—设计"选项卡→"结果"组→"运行"按钮。相应的查询结果如图 3.37 所示。

学院名称 ▼	男 ▼	女 ▼
公共管理	78	
理学院	73.3333333333	80
临床学院	85.4	
中医学院	54.625	67.5714285714286

图 3.37　查询结果

（10）命名并保存查询。单击"保存"按钮，弹出"另存为"对话框，输入查询名称"各学院男女生成绩平均值"。单击"确定"按钮关闭查询。

3.6 参 数 查 询

使用参数查询，在每次运行查询时输入不同的数据，根据输入的数据得到所需的查询结果。这里输入的数据称为参数。根据查询中参数的数目不同，参数查询分为单参数查询和多参数查询两类。

3.6.1 单参数查询

【例3.14】以"成绩"表为数据源，创建一个查询，每次运行时提示"请输入学号"。输入学生的学号可以查询该学号学生的选课情况。查询结果中有"学号"、"课程编号"和"成绩"字段。查询名称为"按学号查询"。

操作步骤如下：

（1）打开"教学管理系统"数据库。

（2）单击"创建"选项卡→"查询"组→"查询设计"按钮，弹出"显示表"对话框。

（3）选择数据源。在"显示表"对话框中选择"成绩"表，单击"添加"按钮，再单击"关闭"按钮，关闭"显示表"对话框。

（4）选择输出字段。在设计视图下半部分的"字段"行第一列的下拉列表中选择"学号"字段，在"字段"行第二列的下拉列表中选择"课程编号"字段，在"字段"行第三列的下拉列表中选择"成绩"字段。

（5）设置条件。在"学号"对应列的"条件"行中输入条件：[请输入学号 :]。

此时的设计视图如图3.38所示。

字段：	学号	课程编号	成绩
表：	成绩	成绩	成绩
排序：			
显示：	☑	☑	☑
条件：	[请输入学号：]		
或：			

图3.38　按学号查询条件设置

（6）单击"设计"选项卡→"结果"组→"运行"按钮，弹出"输入参数值"对话框，如图3.39所示。

（7）在"输入参数值"对话框中输入学号"2018010001"，单击"确定"按钮，显示查询的结果，如图3.40所示。

（8）命名并保存查询。单击"保存"按钮，弹出"另存为"对话框，输入查询名称"按学号查询"。单击"确定"按钮关闭查询。

3.6.2 多参数查询

【例3.15】以"成绩"表为数据源，创建一个查询，每次运行时提示"请输入学号"，再次运行时提示"请输入课程编号"，可以查询该学号下该门课程的情况。查询结果中有"学号"、"课程编号"和"成绩"字段。查询名称为"按

图3.39　"输入参数值"对话框

学号和课程编号查询"。

操作步骤如下：

（1）打开"教学管理系统"数据库。

（2）单击"创建"选项卡→"查询"组→"查询设计"按钮，弹出"显示表"对话框。

（3）选择数据源。在"显示表"对话框中选择"成绩"表，单击"添加"按钮，再单击"关闭"按钮，关闭"显示表"对话框。

学号	课程编号	成绩
2018010001	C0001	90
2018010001	C0003	93
2018010001	C0006	45
2018010001	C0009	55
2018010001	C0010	78

图 3.40 查询结果

（4）选择输出字段。在设计视图下半部分的"字段"行第一列的下拉列表中选择"学号"字段，在"字段"行第二列的下拉列表中选择"课程编号"字段，在"字段"行第三列的下拉列表中选择"成绩"字段。

（5）设置条件。在"学号"对应列的"条件"行中输入条件：[请输入学号:]，在"课程编号"对应列的"条件"行中输入条件：[请输入课程编号：]。

此时的设计视图如图 3.41 所示。

字段:	学号	课程编号	成绩
表:	成绩	成绩	成绩
排序:			
显示:	☑	☑	☑
条件:	[请输入学号：]	[请输入课程编号：]	
或:			

图 3.41 多参数查询条件设置

（6）单击"设计"选项卡→"结果"组→"运行"按钮，弹出"输入参数值"对话框，输入学号"2018010001"，单击"确定"按钮。

（7）再次弹出"输入参数值"对话框，如图 3.42 所示，输入课程编号"C0001"，单击"确定"按钮，显示查询的结果，如图 3.43 所示。

（8）命名并保存查询。单击"保存"按钮，弹出"另存为"对话框，输入查询名称"按学号课程编号查询"。单击"确定"按钮关闭查询。

图 3.42 "输入参数值"对话框

图 3.43 查询结果

3.7 操 作 查 询

操作查询分为 4 种：生成表查询、删除查询、更新查询和追加查询。前面所介绍的选择查询、交叉表查询和参数查询都是按照一定的条件从表或查询中提取数据，对数据源的内容并不进行任何改变。操作查询不同，它除了从数据源提取数据之外，还对数据源的内容进行了改变，如增加数据、删除数据、更新数据等，并且这种更新是不能利用"撤销"命令恢复的。因此，无论哪一种操作查询，都应该先进行预览，当结果符合要求时再运行。

3.7.1　生成表查询

生成表查询是把查询所得到的记录保存到一个表中，这个表可以是一个新表，还可以是一个已经存在的表。如果是后者，则查询运行后该表中原有的内容将被删除。

【例3.16】创建一个查询，将有不及格课程的学生记录输出，要求显示"学号"、"姓名"、"课程名称"和"成绩"几个字段，查询后的记录保存到一个新表中，新表名称为"有不及格学生信息"，查询名称为"查询不及格学生信息"。

操作步骤如下：

（1）打开"教学管理系统"数据库。

（2）单击"创建"选项卡→"查询"组→"查询设计"按钮，弹出"显示表"对话框。

（3）选择数据源。在"显示表"对话框中选择"学生"表，单击"添加"按钮，用同样的方法把"课程"表和"成绩"也添加到设计视图中。再单击"关闭"按钮，关闭"显示表"对话框。

（4）选择输出字段。在设计视图下半部分的"字段"行第一列选择"学生"表的"学号"字段，在"字段"行第二列选择"学生"表的"姓名"字段，在"字段"行第三列选择"课程"表的"课程名称"字段，在"字段"行第四列选择"成绩"表的"成绩"字段。

（5）设置条件。在设计视图下半部分的"条件"行和"字段"行第四列的交叉处输入条件：<60。

此时的设计视图如图 3.44 所示。

图 3.44　查询不及格学生信息条件设置

（6）设置查询类型。单击"设计"选项卡→"查询设置"组→"生成表"按钮，弹出"生成表"对话框，如图 3.45 所示。

图 3.45　"生成表"对话框

（7）在"生成表"对话框中输入新表的名称"查询不及格学生信息"，单击"确定"按钮关闭"生成表"对话框。生成的新表默认放在当前数据库中，若将生成的新表放在另一数据库中，请选择"另一数据库"。

（8）运行查询。单击"设计"选项卡→"结果"组→"运行"按钮，会出现图 3.46 所示的对话框。单击"是"按钮，将在导航窗格中创建一个新表"有不及格学生信息"。

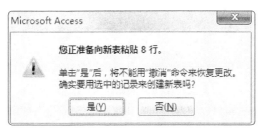

图 3-46 生成表询问是否创建新表的对话框

（9）在导航窗格中打开"有不及格学生信息"查看数据，数据如图 3.47 所示。

学号	姓名	课程名称	成绩
2018010009	王楠	计算机应用	39
2018010001	陈华	大学英语	45
2018010001	陈华	大学物理	55
2018010002	李一平	大学物理	45
2018010004	胡学平	大学物理	34
2018010007	王山山	大学物理	56
2018010010	周峰	大学物理	56
2018010013	李峰	大学物理	31

图 3.47 查询结果

（10）命名并保存查询。单击"保存"按钮，弹出"另存为"对话框，输入查询名称"查询不及格学生信息"。单击"确定"按钮关闭查询。

【例 3.17】创建一个查询，将计算机应用课程成绩大于 60 分的学生记录输出，要求显示"学号"、"姓名"、"课程名称"和"成绩"几个字段，查询后的记录保存到一个新表中，新表名称为"计算机应用大于 60 分"，查询名称为"查询计算机应用大于 60 分的学生信息"。

操作步骤如下：

（1）打开"教学管理系统"数据库。

（2）单击"创建"选项卡→"查询"组→"查询设计"按钮，弹出"显示表"对话框。

（3）选择数据源。在"显示表"对话框中选择"学生"表，单击"添加"按钮，用同样的方法把"课程"表和"成绩"也添加到设计视图中。再单击"关闭"按钮，关闭"显示表"对话框。

（4）选择输出字段。在查询"设计视图"下半部分的"字段"行第一列选择"学生"表的"学号"字段，在"字段"行第二列选择"学生"表的"姓名"字段，在"字段"行第三列选择"课程"表的"课程名称"字段，在"字段"行第四列选择"成绩"表的"成绩"字段。

（5）设置条件。在设计视图下半部分的"条件"行和"字段"第三列的交叉处输入条件：Like" 计算机应用 "。

（6）在设计视图下半部分的"条件"行和"字段"行第四列的交叉处输入条件：>60。此时的设计视图如图 3.48 所示。

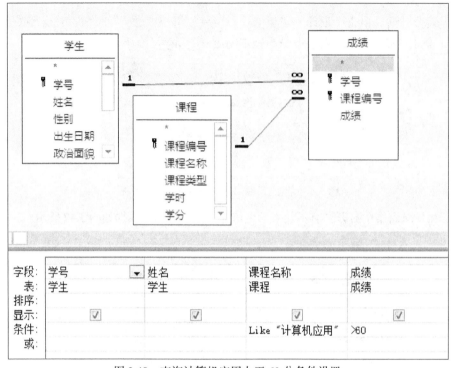

图 3.48　查询计算机应用大于 60 分条件设置

（7）设置查询类型。单击"设计"选项卡→"查询设置"组→"生成表"按钮，弹出"生成表"对话框。

（8）在"生成表"对话框中输入新表的名称"计算机应用大于 60 分"，单击"确定"按钮关闭"生成表"对话框。

（9）运行查询。单击"查询工具—设计"选项卡→"结果"组→"运行"按钮，会出现图 3.49 所示的对话框。单击"是"按钮，将在导航窗格中创建一个新表"计算机应用大于 60 分"。

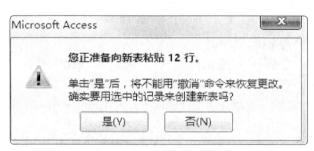

图 3.49　生成表询问对话框

（10）在导航窗格中打开"计算机应用大于 60 分"表查看数据，如图 3.50 所示。

（11）命名并保存查询。单击"保存"按钮，弹出"另存为"对话框，输入查询名称"查询计算机应用大于 60 分的学生信息"。单击"确定"按钮关闭查询。

图 3.50 生成表结果

【例 3.18】创建一个生成表查询，将大学物理成绩输出到一个新表中，新表名称为"大学物理成绩"，新表中包含学号、姓名和新字段：大学物理成绩。查询名称为"大学物理成绩查询"。

操作步骤如下：

（1）打开"教学管理系统"数据库。

（2）单击"创建"选项卡→"查询"组→"查询设计"按钮，弹出"显示表"对话框。

（3）选择数据源。在"显示表"对话框中选择"学生"表，单击"添加"按钮，用同样的方法把"课程"表和"成绩"也添加到设计视图中，再单击"关闭"按钮，关闭"显示表"对话框。

（4）选择输出字段。在设计视图下半部分的"字段"行第一列选择"学生"表的"学号"字段，在"字段"行第二列选择"学生"表的"姓名"字段，在"字段"行第三列选择"成绩"表的"成绩"字段；在"字段"行第四列选择"课程"表的"课程名称"字段，因为"课程名称"字段不输出，所以在"显示"行取消显示该字段。

（5）设置条件。在设计视图下半部分的"条件"行和"字段"行第四列的交叉处输入条件：Like" 大学物理 "。

此时的设计视图如图 3.51 所示。

（6）设置查询类型。单击"设计"选项卡→"查询设置"组→"生成表"按钮，弹出"生成表"对话框。

字段:	学号	姓名	大学物理成绩: 成绩	课程名称
表:	学生	学生	成绩	课程
排序:				
显示:	✓	✓	✓	☐
条件:				Like "大学物理"
或:				

图 3.51 大学物理成绩查询条件设置

（7）在"生成表"对话框中输入新表的名称"大学物理成绩"，单击"确定"按钮关闭"生成表"对话框。

（8）运行查询。单击"查询工具—设计"选项卡→"结果"组→"运行"按钮，会出现图 3.52 所示的对话框。单击"是"按钮，将在导航窗格中创建一个新表"大学物理成绩"。

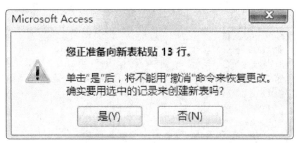

图 3.52　生成表询问对话框

（9）在导航窗格中打开"大学物理成绩"表查看数据，如图 3.53 所示。

学号	姓名	大学物理成绩
2018010001	陈华	55
2018010002	李一平	45
2018010003	吴强	78
2018010004	胡学平	34
2018010005	李红	89
2018010006	周兰兰	89
2018010007	王山山	56
2018010008	李清	69
2018010009	王楠	60
2018010010	周峰	56
2018010011	李玉英	67
2018010012	魏娜	69
2018010013	李峰	31

图 3.53　生成表结果

（10）命名并保存查询。单击"保存"按钮，弹出"另存为"对话框，输入查询名称"大学物理成绩查询"。单击"确定"按钮关闭查询。

3.7.2　删除查询

删除查询是在指定的表中删除筛选出来的记录。删除查询可以从一个表中删除记录，也可以从多个已经建立连接的表中删除记录。因为删除查询是不能利用"撤销"命令恢复的，所以在建立删除查询前必须对原有数据进行备份，如果不小心错删了数据可以从备份数据中进行恢复。在进行数据备份时可以对整个数据库进行备份，也可以对单个数据表进行备份。对整个数据库的备份可以用"另存为"命令进行备份；对单个数据表的备份可以在导航区选中要进行备份的数据表，右击，在弹出的快捷菜单中选中"复制"命令；然后在导航空白区右击，在弹出的快捷菜单中选择"粘贴"命令，弹出"粘贴表方式"对话框，输入表名称，然后单击"确定"按钮即完成数据表的备份。

【例 3.19】将"有不及格学生信息"表进行备份，命名为"有不及格学生信息备份"，删除表中"大学英语"不及格学生的记录，查询名称为"删除大学英语不及格学生信息"。查询中包含"学号"、"姓名"、"课程名称"和"成绩"4 个字段。

由于删除查询要删除数据表中的记录，所以为了数据安全，在操作之前需要对原数据表进行数据备份。备份数据表的方法是：在导航区的"表"对象中，右击"有不及格学生信息"表，在弹出的快捷菜单中选择"复制"命令，然后在"表"对象导航区空白区右击，在弹出的快捷菜单中选择"粘贴"命令，弹出"粘贴表方式"对话框，输入表名称"有不及格学生信息备份"，如图 3.54 所示，单击"确定"按钮。

图 3.54 "粘贴表方式"对话框

操作步骤如下：

（1）打开"教学管理系统"数据库，单击"创建"选项卡→"查询"组→"查询设计"按钮，弹出"显示表"对话框。

（2）选择数据源。在"显示表"对话框中选择"有不及格学生信息备份"表，单击"添加"按钮，添加该表到"设计视图"。再单击"关闭"按钮，关闭"显示表"对话框。

（3）选择输出字段。在设计视图下半部分的"字段"行第一列选择"学号"字段，在"字段"行第二列选择"姓名"字段，在"字段"行第三列选择"课程名称"字段，在"字段"行第四列选择"成绩"字段。

（4）设置条件。在设计视图下半部分的"条件"行和"字段"第三列的交叉处输入条件："大学英语"。

在设计视图下半部分的"条件"行和"字段"行第四列的交叉线输入条件：<60。

此时的设计视图如图 3.55 所示。

字段：	学号	姓名	课程名称	成绩
表：	有不及格学生信息备份	有不及格学生信息备份	有不及格学生信息备份	有不及格学生信息备份
排序：				
显示：	☑	☑	☑	☑
条件：			"大学英语"	<60
或：				

图 3.55 删除大学英语不及格学生信息的条件设置

（5）设置查询类型。单击"设计"选项卡→"查询类型"组→"删除表"按钮，在设计视图网格中多了一行"删除"行，如图 3.56 所示。

字段：	学号	姓名	课程名称	成绩
表：	有不及格学生信息备份	有不及格学生信息备份	有不及格学生信息备份	有不及格学生信息备份
删除：	Where	Where	Where	Where
条件：			"大学英语"	<60
或：				

图 3.56 添加"删除"行后的设计视图

（6）在数据表视图下预览查询结果，结果满足要求再运行查询，如图 3.57 所示。

查询1

学号	姓名	课程名称	成绩
2018010001	陈华	大学英语	45

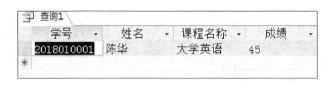

图 3.57 数据表视图下预览结果

（7）命名并保存查询。单击“保存”按钮，弹出“另存为”对话框，输入查询名称“删除大学英语不及格学生信息”。单击“确定”按钮关闭查询。

（8）右击导航窗格中的“删除大学英语”，在弹出的快捷菜单中选择“设计视图”命令。

（9）运行查询。单击“查询工具—设计”选项卡→“结果”组→“运行”按钮，会出现图 3.58 所示的对话框。单击“是”按钮，将删除表中相应满足条件的记录。单击查询设计右上角的“×”按钮，关闭查询设计视图。

（10）在导航窗格中打开“有不及格学生信息备份”查看数据，删除后的表数据如图 3.59 所示。

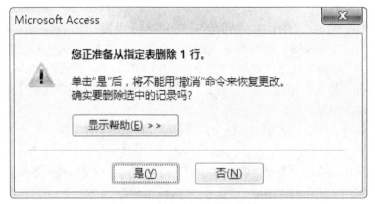

图 3.58 询问是否删除对话框

有不及格学生信息备份

学号	姓名	课程名称	成绩
2018010009	王楠	计算机应用	39
2018010001	陈华	大学物理	55
2018010002	李一平	大学物理	45
2018010004	胡学平	大学物理	34
2018010007	王山山	大学物理	56
2018010010	周峰	大学物理	56
2018010013	李峰	大学物理	31

图 3.59 删除后的结果

3.7.3 更新查询

更新查询可以对表中的数据进行有规律的修改。

【例 3.20】将“有不及格学生信息”表进行再次备份，命名为“有不及格学生成绩备份”。

创建一个查询，将"有不及格学生成绩备份"表中的"课程名称"字段分数加 10，查询名称为"不及格学生成绩加 10"，输出字段为"学号"、"姓名"、"课程名称"和"成绩"字段。

操作步骤如下：

（1）打开"教学管理系统"数据库。单击"创建"选项卡→"查询"组→"查询设计"按钮，弹出"显示表"对话框。

（2）选择数据源。在"显示表"对话框中选择"有不及格学生成绩备份"表，单击"添加"，按钮，添加该表到设计视图。再单击"关闭"按钮，关闭"显示表"对话框。

（3）选择输出字段。在设计视图下半部分的"字段"行第一列选择"成绩"字段。

（4）设置条件。在设计视图下半部分的"条件"行和"字段"第一列的交叉线输入条件：<60。

此时的设计视图如图 3.60 所示。

（5）设置查询类型。单击"设计"选项卡→"查询类型"组→"更新表"按钮，在设计视图网格中多了一行"更新到"行，在"更新到"行和"字段"行第一列的交叉处输入：[成绩]+10，如图 3.61 所示。

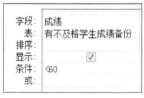

图 3.60 "不及格学生成绩加 10"的条件设置

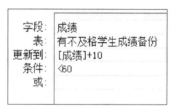

图 3.61 "更新到"行的设置

（6）单击"设计"选项卡→"视图"组→"数据表视图"按钮，在数据表视图下预览查询结果，若结果满足要求再运行查询，如图 3.62 所示。

（7）命名并保存查询。单击"保存"按钮，弹出"另存为"对话框，输入查询名称"不及格学生成绩加 10"。单击"确定"按钮关闭查询。

（8）右击导航窗格中的"不及格学生成绩加 10"查询，在弹出的快捷菜单中选择"设计视图"命令。

（9）运行查询。单击"设计"选项卡→"结果"组→"运行"按钮，会出现图 3.63 所示询问是否更新的对话框。单击"是"按钮，将更新表中相应满足条件的记录。单击查询设计右上角的"×"按钮，关闭查询设计视图。

图 3.62 结果预览   图 3.63 询问是否更新对话框

（10）在导航窗格中打开"有不及格学生成绩备份"查看数据。更新后的表数据如图3.64所示。

查询1	不及格学生成绩加10	有不及格学生成绩备份	
学号	姓名	课程名称	成绩
2018010009	王楠	计算机应用	49
2018010001	陈华	大学英语	55
2018010001	陈华	大学物理	65
2018010002	李一平	大学物理	55
2018010004	胡学平	大学物理	44
2018010007	王山山	大学物理	66
2018010010	周峰	大学物理	66
2018010013	李峰	大学物理	41

图3.64　更新后的表数据

【例3.21】对"学生"表进行备份，命名为"学生备份"。创建一个查询，将"学生备份"表中姓"李"的人员的"简历"字段清空。查询名称为"李姓人员简历字段清空"。

操作步骤如下：

（1）打开"教学管理系统"数据库。

（2）单击"创建"选项卡→"查询"组→"查询设计"按钮，弹出"显示表"对话框。

（3）选择数据源。在"显示表"对话框中选择"学生备份"表，单击"添加"按钮，把该表添加到设计视图中。然后单击"关闭"按钮，关闭"显示表"对话框。

（4）选择输出字段。在设计视图下半部分的"字段"行第一列选择"姓名"字段，在"字段"行第二列选择"简历"字段。

（5）设置条件。在设计视图下半部分的"条件"行和"字段"行第一列的交叉处输入条件：Like"李 *"。

此时的设计视图如图3.65所示。

（6）设置查询类型。单击"设计"选项卡→

图3.65　李姓人员简历字段情况条件设置

"查询类型"组→"更新表"按钮，在设计视图网格中多了一行"更新到"行，在"更新到"行和"字段"第二列的交叉处输入："""，如图3.66所示。

（7）单击"查询工具—设计"选项卡→"视图"组→"数据表视图"按钮，在数据表视图下预览查询结果，若结果满足要求再运行查询，如图3.67所示。

字段	姓名	简历
表	学生备份	学生备份
更新到		""
条件	Like "李*"	
或		

图3.66　"更新到"行的设置

图3.67　更新结果预览

（8）命名并保存查询。单击"保存"按钮，弹出"另存为"对话框，输入查询名称"李姓人员简历字段清空"。单击"确定"按钮关闭查询。

（9）右击导航窗格中的"李姓人员简历字段清空"查询，在弹出的快捷菜单中选择"设计视图"命令。

（10）运行查询。单击"查询工具—设计"选项卡→"结果"组→"运行"按钮，会出现图 3.68 所示询问是否更新的对话框。单击"是"按钮，将更新表中相应满足条件的记录。单击查询设计右上角的"×"按钮，关闭查询设计视图。

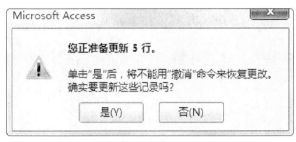

图 3.68　询问是否更新对话框

（11）在导航窗格中打开"学生备份"查看数据。更新后的表数据如图 3.69 所示。

学号	姓名	性别	出生日期	政治面貌	所属学院	专业	籍贯	简历	民族
2018010001	陈华	男	2000/10/1	团员	理学院	计算机	宁夏	爱好摄影、乒乓、篮球	回族
2018010002	李一平	男	2000/6/5	团员	临床学院	医学	宁夏		回族
2018010003	吴强	男	2001/6/7	群众	临床学院	医学	河北	爱好集邮、武术	汉族
2018010004	胡学平	女	2001/10/10	团员	中医学院	中药	宁夏	爱好美术、舞蹈	汉族
2018010005	李红	女	2001/9/1	团员	临床学院	麻醉	山西		汉族
2018010006	周兰兰	女	2001/5/4	团员	临床学院	医学	陕西	爱好舞蹈、书法	汉族
2018010007	王山山	女	2001/5/4	团员	临床学院	针推	河南	爱好摄影、旅游	汉族
2018010008	李清	女	2001/1/1	团员	临床学院	麻醉	湖北		汉族
2018010009	王楠	男	2000/7/5	团员	中医学院	针推	河南	爱好集邮、舞蹈	回族
2018010010	周峰	男	2002/7/8	团员	理学院	计算机	湖南	爱好美术、唱歌	汉族
2018010011	李玉英	女	2002/8/9	群众	理学院	计算机	甘肃		汉族
2018010012	魏娜	女	2000/2/6	党员	临床学院	医学	甘肃	爱好书法、唱歌	汉族
2018010013	李峰	男	2001/5/6	团员	公共管理学院	公共管理	内蒙古		蒙古族

图 3.69　李姓人员简历字段清空更新后的结果

3.7.4　追加查询

追加查询是就是将表中符合条件的记录添加到另一个表的末尾。

【例 3.22】将"有不及格学生信息"进行备份，命名为"有不及格学生信息备份"。创建一个查询，将"有不及格学生信息备份"表中计算机应用小于 60 分的记录追加到"计算机应用大于 60 分"表相应的字段中。查询命名为"追加计算机应用不及格成绩"。

操作步骤如下：

（1）打开"教学管理系统"数据库。

（2）备份"有不及格学生信息"表。右击导航窗格中的"有不及格学生信息"表，在弹出的快捷菜单中选择"复制"命令，然后在表对象空白处右击，在弹出的快捷菜单中选择"粘贴"命令，在弹出的"粘贴表方式"对话框中输入表名称"有不及格学生信息备份"，单击"确定"按钮。

（3）单击"创建"选项卡→"查询"组→"查询设计"按钮，弹出"显示表"对话框。

（4）选择数据源。在"显示表"对话框中选择"有不及格学生信息备份"表，单击"添加"按钮，把该表添加到设计视图中。然后单击"关闭"按钮，关闭"显示表"对话框。

（5）选择输出字段。在设计视图下半部分的"字段"行第一列选择"学号"字段，在"字段"行第二列选择"姓名"字段,在"字段"行第三列选择"课程名称"字段,在"字段"行第四列选择"成绩"字段。

（6）设置条件。在设计视图下半部分的"条件"行和"字段"行第三列的交叉处的输入条件:Like"计算机应用"。

在设计视图下半部分的"条件"行和"字段"行第四列的交叉处输入条件:<60。

此时的设计视图如图3.70所示。

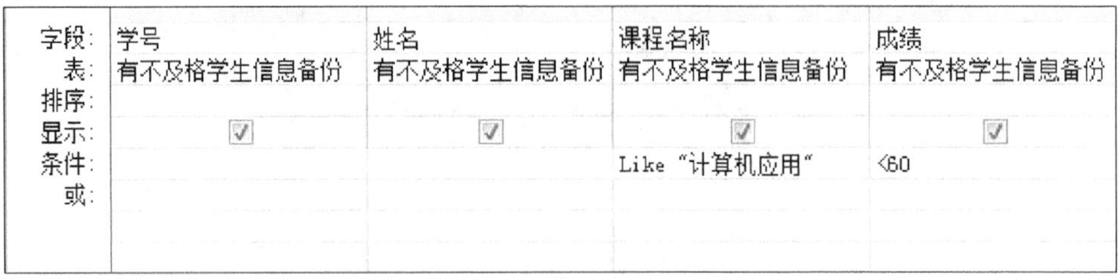

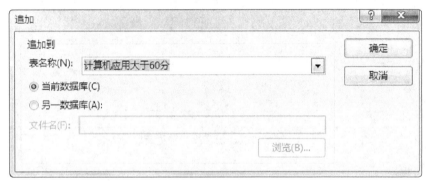

图 3.70　追加计算机不及格成绩条件设置

（7）设置查询类型。单击"查询工具—设计"选项卡→"查询类型"组→"追加表"按钮,弹出"追加"对话框,在"表名称"下拉列表中选择要追加的表名称,这里选择"计算机应用大于 60 分",如图 3.71 所示,单击"确定"按钮。

图 3.71　"追加"对话框

（8）单击"查询工具—设计"选项卡→"视图"组→"数据表视图"按钮,在数据表视图下预览查询结果,若结果满足要求再运行查询,如图 3.72 所示。

图 3.72　追加结果预览

（9）命名并保存查询。单击"保存"按钮,弹出"另存为"对话框,输入查询名称"追加计算机应用不及格成绩"。单击"确定"按钮关闭查询。

（10）右击"追加计算机应用不及格成绩"查询,在弹出的快捷菜单中选择"设计视图"命令。

（11）运行查询。单击"设计"选项卡→"结果"组→"运行"按钮,会出现图 3.73 所示询问是否要追加选中行的对话框。单击"是"按钮,将追加相应满足条件的记录。单击查询设计右上角的"×"按钮,关闭查询设计视图。

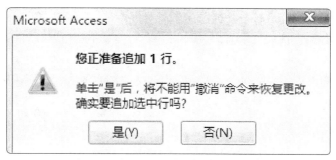

图 3.73　询问是否追加选中行的对话框

（12）在导航窗格中打开"计算机应用大于 60 分"查看数据。更新后的表数据如图 3.74 所示。

学号	姓名	课程名称	成绩
2018010001	陈华	计算机应用	90
2018010002	李一平	计算机应用	98
2018010003	吴强	计算机应用	67
2018010004	胡学平	计算机应用	89
2018010005	李红	计算机应用	67
2018010006	周兰兰	计算机应用	90
2018010007	王山山	计算机应用	80
2018010008	李清	计算机应用	78
2018010010	周峰	计算机应用	67
2018010011	李玉英	计算机应用	89
2018010012	魏娜	计算机应用	67
2018010013	李峰	计算机应用	79
2018010009	王楠	计算机应用	39

图 3.74　追加后的结果

3.8　SQL 查 询

在 Access 中，创建查询最简便的方法是使用"查询向导"和"查询设计"来创建查询，但并不是所有查询都可以用"查询向导"和"查询设计"来创建，有的查询只能通过 SQL 语句来创建。事实上，在 Access 中所有的查询都是先转化成 SQL 语句才运行的。

3.8.1　SQL 概述

SQL（Structured Query Language）语言是 1974 年由 Boyce 和 Chamberlin 提出的。1975 年至 1979 年 IBM 公司 San Jose Research Laboratory 研制了著名的关系数据库系统原型 System R 并实现了这种语言。由于该语言功能丰富、语言简洁，所以备受用户及计算机工业界的欢迎，并被众多计算机公司和软件公司使用。该语言经过不断的修改、扩充和完善，最终发展成为关系数据库的标准语言。

SQL 语言设计巧妙，完成核心功能只用了 9 个动词，而且 SQL 语言接近英语口语，因此容易学习。

SQL 语言动词如表 3.6 所示。

表 3.6　SQL 语言动词

SQL 功能	动　词
数据查询	SELECT
数据定义	CREATE、DROP、ALTER
数据操纵	INSERT、UPDATE、DELETE
数据控制	GRANT、REVOKE

3.8.2　SQL 语句

1. 创建表和索引

建立数据最重要的一步就是定义基本表，索引依赖于基本表。

1）创建基本表

创建基本表的命令格式：

```
CREATE TABLE 表名（字段 1 类型名 [PRIMARY KEY]，字段 2 类型名，……）
```

PRIMARY KEY 表示该字段被定义为主键。

【例 3.23】创建一个空表，表名为"学生信息"，包括"学号""姓名""性别""年龄""所在学院"几个字段，其中"学号"字段为主键。

SQL 语句如下：

```
CREATE TABLE 学生信息（学号 text PRIMARY KEY，姓名 text，性别 text，年龄 integer，所在学院 text）
```

2）创建索引

创建索引的命令格式：

```
CREATE INDEX 索引名称  ON 表名（字段名）
```

【例 3.24】为"学生信息"表的"姓名"字段创建"姓名"索引。

SQL 语句如下：

```
CREATE INDEX 姓名 ON  学生信息（姓名）
```

2. 修改基本表

随着应用环境和应用需求的变化，有时需要修改已经建立好的基本表。修改基本表主要有向表中添加字段和从表中删除字段。

1）添加字段

添加字段命令格式：

```
ALTER TABLE 表名 ADD 字段名  类型名
```

【例 3.25】在"学生信息"表中添加"联系方式"字段。

SQL 语句如下：

```
ALTER TABLE 学生信息 ADD 联系方式 text
```

2）删除字段

删除字段命令格式：

```
ALTER TABLE 表名 DROP  字段名
```

【例 3.26】删除"学生信息"表中的"联系方式"字段。

SQL 语句如下：

```
ALTER TABLE 学生 DROP  联系方式
```

3. 删除基本表和索引

1）删除基本表

删除基本表的命令格式

```
DROP TABLE 表名
```

【例 3.27】删除"学生信息"表。

SQL 语句如下：

```
DROP TABLE 学生信息
```

2）删除索引

索引一经建立，就由系统使用和维护它，不需用户干预。建立索引时为了减少查询操作的时间，可以删除一些不必要的索引。

```
DROP INDEX 索引名称
```

【例 3.28】删除"学生信息"表中的"姓名"索引。

SQL 语句如下：

```
DROP INDEX 姓名
```

4. 查询

SELECT 语句是 SQL 中功能强大、使用灵活的语句之一，它能实现数据的筛选、投影、连接，还能完成筛选字段的重命名、数据组合、分类汇总和排序等操作。SELECT 语句的一般格式为：

```
SELECT  [ ALL | DISTICT ] *|<字段列表>
FROM <表名 1>[,<表名 2>···
[WHERE <条件表达式>]
[GROUP  BY <字段名> [HAVING<条件表达式>] ]
[ORDER  BY <字段名> [ ASC | DESC] ]
```

SELECT 的含义是创建一个查询，根据 WHERE 条件表达式指定的条件，从 FROM 指定的表中创建。其中 ALL 为默认值，表示检索所有符合条件的记录；DISTICT 表示检索要去掉重复行的所有记录；* 表示检索结果为整个记录；<字段列表>表示使用","把各字段分隔开；FORM 说明要检索的数据来自哪个或哪些表；WHERE 说明检索条件；GROUP BY 用于对检索结果进行分组；HAVING 表示只有满足指定的条件表达式的分组才进行输出；ORDER BY 用于对检索结构进行排序，ASC 为升序排列，DESC 为降序排列，默认为 ASC。

【例 3.29】查找并显示"学生"表中所有的记录。

SQL 语句如下：

```
SELECT * FROM 学生
```

【例 3.30】查找并显示"学生"表中的"学号"、"姓名"和"年龄"字段。

SQL 语句如下：

```
SELECT 学号，姓名，年龄 FROM 学生
```

【例 3.31】在"必修成绩"表中查找考试成绩不及格的学生。

SQL 语句如下：

```
SELECT DISTINCT 学号，姓名 FORM 必修成绩
```

这里用了 DISTINCT，表示当一个学生有多门课程不及格时，他的学号只列一次。

【例 3.32】统计并显示"学生"中各个学院的人数。显示字段为"所属学院"和"人数"。

SQL 语句如下：

```
SELECT 所属学院,COUNT（学号） AS 总人数 FROM 学生
```

这里的 AS 是增加新的字段"总人数"。

【例 3.33】查找学生的选课成绩，并显示"学号"、"姓名"、"课程名称"和"分数"字段。

分析：这里的查询所涉及的是多个基本表，有"学生"表、"课程"表、"成绩"表，所以是多个表的查询。

SQL 语句如下：

```
SELECT 学生 . 学号，学生 . 姓名，课程 . 课程名称，成绩 . 分数
FROM    学生，课程，成绩
WHERE 课程 . 课程编号 = 成绩 . 课程编号 AND 学生 . 学号 = 成绩 . 学号
```

3.8.3　SQL 特定查询

SQL 特定查询包括数据定义查询、联合查询、传递查询和子查询。其中数据定义查询、联合查询、传递查询不能在设计视图下进行创建，必须在 SQL 视图中用 SQL 语句进行创建。

1.　数据定义查询

数据定义查询主要完成表和索引的定义、删除和修改，具体请参考本章 SQL 语句的相应内容。

2.　联合查询

联合查询可以将两个或更多个表或查询中的字段合并到查询结果中的一个字段中，实现对数据的提取和分析功能。

联合查询一般格式为：

```
SELECT 语句 1
UNION
SELECT 语句 2
```

3.　传递查询

传递查询提供了访问其他数据库的方法，可以将命令直接发送到 ODBC 数据库服务器中，最后在另一个数据库中执行查询。使用传递查询，可以不必连接到服务器上的表而直接使用它们。

4.　子查询

如果一个查询的条件要用到另外一个查询的结果，这样的查询称为子查询。

【例 3.34】使用"大学物理成绩"表创建查询，查找大学物理成绩低于平均分的学生信息。

要求显示"学号"、"姓名"和"大学物理成绩"几个字段。查询名称为"大学物理低于平均分的学生记录"。

操作步骤如下：

（1）打开"教学管理系统"数据库。

（2）单击"创建"选项卡→"查询"组→"查询设计"按钮，弹出"显示表"对话框。

（3）选择数据源。在"显示表"对话框中选择"大学物理成绩"表，再单击"添加"按钮，该表被添加到设计窗格中，单击"关闭"按钮，关闭"显示表"对话框。

（4）选择输出字段。在查询"设计视图"下半部分的"字段"行第一列的下拉列表中选择"大学物理成绩"表的"学号"字段，在"字段"行第二列的下拉列表中选择"大学物理成绩"表的"姓名"，在"字段"行第三列的下拉列表中选择"大学物理成绩"表的"大学物理成绩"字段。

（5）添加条件。在"条件"行和"字段"行第三列的交叉处输入如下内容：<(select avg(大学物理成绩) from 大学物理成绩)。

此时的设计视图如图 3.75 所示。

字段	学号	姓名	大学物理成绩
表	大学物理成绩	大学物理成绩	大学物理成绩
排序			
显示	☑	☑	☑
条件			<(select avg(大学物理成绩) from 大学物理成绩)
或			

图 3.75　大学物理低于平均分学生记录的条件设置

（6）运行查询。单击"设计"选项卡→"结果"组→"运行"按钮。相应的查询结果如图 3.76 所示。

学号	姓名	大学物理成绩
2018010001	陈华	55
2018010002	李一平	45
2018010004	胡学平	34
2018010007	王山山	56
2018010009	王楠	60
2018010010	周峰	56
2018010013	李峰	31

图 3.76　查询结果

（7）命名并保存查询。单击"保存"按钮，弹出"另存为"对话框，输入查询名称"大学物理低于平均分的学生记录"。单击"确定"按钮关闭查询。

习　　题

一、选择题

1. 在 Access 中，查询的数据源可以是（　　　　）。

A. 表　　　　　　　　B. 查询　　　　　　C. 表和查询　　　D. 表、查询和报表

2. 将表 A 的记录复制到表 B 中，且不删除表 B 中的各记录，可以使用的查询是（　　　）。

A. 删除查询　　　　　　　B. 生成表查询　　　C. 追加查询　　　　D. 交叉表查询

3. SQL 的功能包括（　　　）。

A. 查找、编辑错误、控制、操纵

B. 数据定义创建数据表、查询、操纵添加删除修改、控制加密授权

C. 窗体 ×、视图、查询 ×、页 ×

D. 控制、查询 ×、删除、增加 ×

4. SQL 的含义是（　　　）。

A. 结构查询语言　　　　　　　　　　　B. 数据定义语言

C. 数据库查询语言　　　　　　　　　　D. 数据库操作与控制语言

5. 下列函数中能返回数值表达式的整数部分值的是（　　　）。

A. Abs(数字表达式)　　　　　　　　　B. Int(数值表达式)

C. Srq(数值表达式)　　　　　　　　　D. Sgn(数值表达式)

6. 在课程表中要查找"课程名称"字段中包含"计算机"的课程，对应"课程名称"字段的条件表达式是（　　　）。

A. " 计算机 "　　　　　　　　　　　　B. "* 计算机 *"

C. like"* 计算机 *"　　　　　　　　　D. like" 计算机 "

7. 用 SQL 语言描述"在教室表中查找女教师的全部信息"，以下描述正确的是（　　　）。

A. SELECT FROM 教师表 IF (性别 = " 女 ")

B. SELECT 性别 FROM 教师表 IF(性别 = " 女 ")

C. SELECT * FROM 教师表 WHERE （性别 = " 女 "）

D. SELECT * FROM 性别 WHERE （性别 = " 女 "）

8. 在设计视图中设计排序时，如果选择了多个字段，则输出结果是（　　　）。

A. 按设定的优先次序依次进行排序

B. 按最右边的列开始排序

C. 按从左到右优先次序依次排序

D. 无法进行排序

9. Access 支持的查询类型有（　　　）。

A. 选择查询、交叉表查询、参数查询、SQL 查询和动作查询

B. 基本查询、选择查询、参数查询、SQL 查询和动作查询

C. 多表查询、单表查询、交叉表查询、参数查询和动作查询

D. 选择查询、统计查询、参数查询、SQL 查询和动作查询

10. 在 SQL 语言中，定义一个表的命令是（　　　）。

A. DROP TABLE　　　　　　　　　　B. ALTER TABLE

C. CREATE TABLE　　　　　　　　　D. DEFINE TABLE

11. 已知商品表的关系模式：商品 (商品编号，名称，类型)，使用 SQL 语句查询类型为"电器"的商品信息，以下正确的是（　　　）。

A. SELECT * FROM 商品 GROUP BY 类型

B. SELECT * FROM 商品 WHERE 类型 = " 电器 "

C. SELECT * FROM 商品 WHERE 类型 = 电器

D. SELECT * FROM 商品 WHILE 类型 = " 电器 "

12. 使用 SQL 语句将 "教师" 表中的照片字段删除，以下正确的是（　　）。

A. Alter table 教师 Delete 照片

B. Alter table 教师 Drop 照片

C. Alter table 教师 AND Drop 照片

D. Alter table 教师 AND Delete 照片

13. 使用查询向导创建交叉表查询的数据源是（　　）。

A. 数据库文件　　　　　　　　　　　　B. 表

C. 查询　　　　　　　　　　　　　　　D. 表或查询

14. 关于统计函数 Count(字符串表达式)，下列叙述错误的是（　　）。

A. 返回字符表式中值的个数，即统计记录的个数

B. 统计字段应该是数字数据类型

C. 字符串表达式中含有字段名

D. 以上都不正确

15. 在 Access 中，一般情况下，建立查询的方法有（　　）。

A. 使用 "查询向导"　　　　　　　　　B. 使用 "显示表" 视图

C. 使用查询视图　　　　　　　　　　　D. 以上都是

16. 假设某一个数据库表中有一个姓名字段，查找不姓王的记录的条件是（　　）。

A. Not " 王 *"　　　　　　　　　　　　B. Not " 王 "

C. Not Like " 王 "　　　　　　　　　　D. " 王 *"

17. 假设某一个数据库表中有一个地址字段，查找地址最后两个字为 "8" 号的记录的条件是（　　）。

A. Right([地址],2)= "8 号 "　　　　　　B. Right(地址],4)= "8 号 "

C. Right(" 地址 ", 2)= "8 号 "　　　　　　D. Right(" 地址 ",4)= "8 号 "

18. 假设某数据库表中有一个姓名字段，查找姓名为张三或李四的记录的准则是（　　）。

A. Not In(" 张三 "," 李四 ")　　　　　　B. " 张三 "Or" 李四 "

C. Like(" 张三 "," 李四 ")　　　　　　　D. " 张三 "And" 李四 "

19. 将成绩在 90 分以上的记录找出后放在一个新表中，比较合适的查询是（　　）。

A. 删除查询　　　　　　　　　　　　　B. 生成表查询

C. 追加查询　　　　　　　　　　　　　D. 更新查询

20. （　　）可以直接将命令发送到 ODBC 数据库，利用它可以检索或更改记录。

A. 联合出现　　　　　　　　　　　　　B. 传递查询

C. 数据定义查询　　　　　　　　　　　D. 子查询

21. 下列表达式中不合法的是（　　）。

A. " 性别 "=" 男 "Or" 性别 "=" 女 "

B. [性别]=" 男 "Or[性别]=" 女 "

C. [性别] like" 男 "Or[性别] like" 女 "

D. [性别]=" 男 "Or[性别] like" 女 "

22. 交叉表中主要有 3 部分，以下各项中不属于这 3 部分的是（　　）。

A. 交叉点   B. 交叉行

C. 行标题   D. 列标题

23. 执行（　　）查询后，字段原有的值将被新值替换。

A. 删除   B. 追加

C. 生成表   D. 更新

24. 以下关于总计的说法中，（　　）是错误的。

A. 作为条件的字段也可以显示在查询结果中

B. 计算的方式有和、平均、记录数、最大值、最小值等

C. 任何字段都可以用来分组

D. 可以做各种计算

25. 创建交叉表查询，在"交叉表"行上有且只能有一个的是（　　）。

A. 行标题和列标题   B. 行标题和值

C. 行标题、列标题和值   D. 列标题和值

二、填空题

1. 操作查询有 4 种类型，分别是 _____、_____、_____、_____。

2. 如果在数据库中已有同名的表，要通过查询覆盖原来的表，应该使用的查询类型是 _____。

3. 要删除"学生"表中所有的行，在 SQL 视图中输入的语句是 _____。

4. 参数查询分为 _____、_____。

三、操作题

请依次完成例 3.1 至例 3.32 中所有的操作。

第4章
窗体

窗体是 Access 2016 中的一个数据库对象，它作为数据库和用户的交互界面，在数据库的设计中起着相当重要的作用。通过窗体不仅使用户操作表和查询变得直观，而且可以帮助用户间接调用宏与模块，简洁而高效地实现了对数据库的管理。

本章介绍窗体的创建和使用，包括窗体的概念、窗体的组成、窗体的各种创建方法和窗体的外观优化操作等。

4.1 窗体概述

窗体作为一种非常重要的数据库对象，与数据表相比，本身没有存储数据，但是它提供一种友好的输入、输出界面，使用户可以方便地输入数据、编辑数据、查询和显示表中的数据，从而提高数据库的使用效率。

4.1.1 窗体的功能

窗体主要有以下几个基本功能：

（1）显示、修改和输入数据记录。运用窗体可以非常清晰和直观地显示一个表或者多个表中的数据记录，可对其进行编辑，并且还可以根据需要灵活地将窗体设置为"纵栏式"、"表格式"、和"数据表式"。

（2）创建数据透视窗体图表，增强数据的可分析性。利用窗体建立的数据透视图和数据透视表可以让数据以直观的方式表达出来。

（3）作为程序的导航面板，可提供程序导航功能。单击窗体上的按钮，即可进入不同的程序模块，调用不同的程序。

窗体就是数据库和用户直接交流的界面，创建具有良好人机界面的窗体，可以增强数据的可读性，提高管理数据库的效率。

4.1.2 窗体的视图

Access 2016 窗体有 4 种视图：窗体视图、数据表视图、布局视图和设计视图，如图 4.1 所示。

1. 窗体视图

窗体视图用来显示数据表中的记录。用户通过它可查看、添加和修改数据，也可以设计美观且人性化的用户界面。

2. 数据表视图

数据表视图以表格形式显示表、查询、窗体中的数据。用于编辑字段，添加和删除数据，使用方法与查询中的数据表视图相同。

3. 布局视图

布局视图是用户修改窗体最直观的视图，可用在 Access 中对窗体进行几乎所有需要的更改。在布局视图中，窗体实际正在运行。因此，在布局视图中看到的外观与在窗体视图中的外观非常相似。所不同的是可以在此视图中对窗体进行更改。

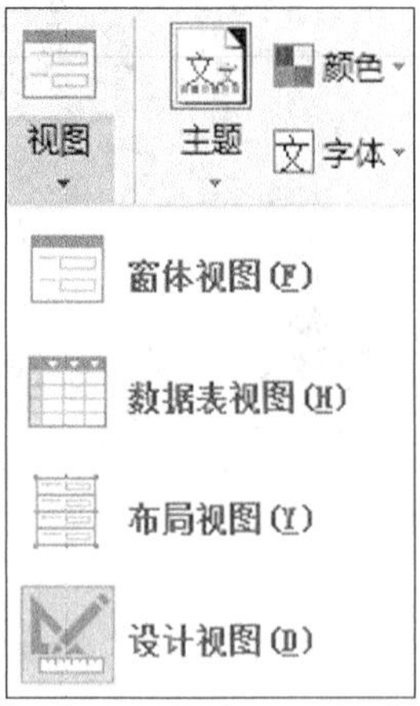

图 4.1　视图方式

4. 设计视图

设计视图是用于创建或修改窗体时所使用的一种视图，该视图提供了窗体结构的更详细信息，可以显示窗体的页眉、主体和页脚部分。在设计视图中窗体并没有运行。在设计视图中可以进行如下一些操作：

（1）向窗体添加更多类型的控件，如绑定对象框、分页符和图表。

（2）在文本框中编辑文本空间来源，而不使用属性表。

（3）调整窗体各部分（如窗体页眉或主体部分）的大小。

（4）更改某些无法在布局视图中更改的窗体属性。

4.1.3　窗体的结构

从图 4.2 所示的设计视图窗口可以看出，一个窗体由 5 部分构成，每个部分称为一个"节"。这 5 部分分别是窗体页眉、页面页眉、主体、页面页脚、窗体页脚，其中大部分窗体中只有一个主体节，其他的各个节可以根据需要进行添加。方法是右击窗体，在弹出的快捷菜单中进行选择，如图 4.3 所示。

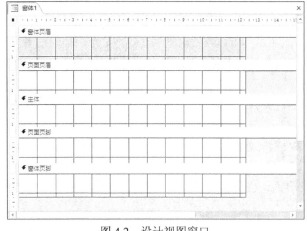

图 4.2　设计视图窗口

图 4.3　快捷菜单

每一个节中都可以放置字段信息和控件信息，同一个信息添加在不同的节中，效果是不一样的。

1. 窗体页眉

窗体页眉位于窗体的顶部或打印页的开头，一般用于设置窗体的标题、使用说明、用于打开其他相关窗体或模块的按钮等。

2. 页面页眉

页面页眉用来设置在打印窗体时每个输出页的顶部要打印的信息，如标题、日期或页码等。

3. 主体

主体节中通常用来显示记录数据，可以设置显示一条记录或多条记录。

4. 页面页脚

页面页脚用来设置在打印窗体时每个输出页的底部要打印的信息，如汇总、日期或页码等。

页面页眉和页面页脚在窗体视图中是不显示的，要想显示这两部分的设计效果，可以在打印预览中进行显示。

5. 窗体页脚

窗体页脚位于窗体的底部或打印页的尾部，一般用于对所有记录都要显示的内容、操作说明信息，也可以有命令按钮。

4.2　创　建　窗　体

Access 2016 的"创建"选项卡"窗体"组中提供了 6 个创建窗体的功能按钮，即"窗体""窗体设计""空白窗体""窗体向导""导航""其他窗体"。单击"导航"和"其他窗体"下拉按钮，可以展开一个下拉列表，供用户选择窗体的更详细布局或格式。"窗体"组如图 4.4 所示。

图 4.4　"窗体"组

4.2.1　使用"窗体"工具创建窗体

Access 2016 能够智能地收集和显示表中的数据信息，自动创建窗体。自动创建窗体的按钮有"窗体""分割窗体""多个项目"等。通过单击不同的按钮，即可自动创建相应的窗体。

【例 4.1】以"课程"表作为数据源，使用"窗体"工具创建窗体，命名为"课程"。

操作步骤如下：

（1）在导航窗格中单击包含要在窗体上显示数据的"课程"表。

（2）单击"创建"选项卡→"窗体"组→"窗体"按钮，此时，屏幕上立即显示新建的窗体。

（3）单击快速访问工具栏中的"保存"按钮，弹出"另存为"对话框，在"窗体名称"文本框中输入窗体的名称"课程"，单击"确定"按钮，保存该窗体，如图 4.5 所示。

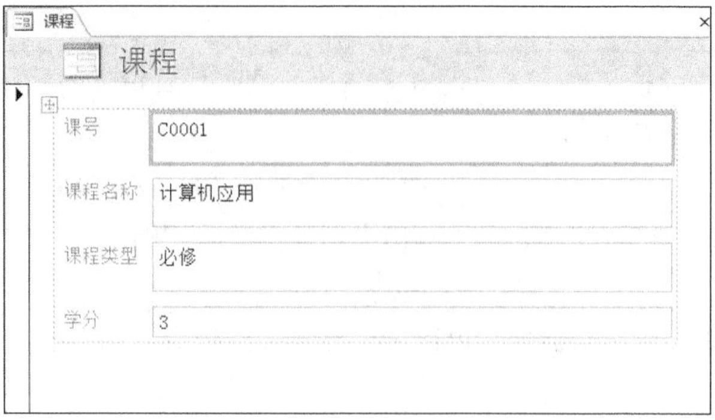

图 4.5　"课程"窗体

自动创建后的窗体，可进行删除空间、改变字体颜色、改变背景颜色等操作。单击"设计"选项卡→"属性"按钮，在弹出的"属性表"窗格中可以设置各种属性。也可以在窗体中右击，在弹出的快捷菜单中选择"属性"命令。

4.2.2　使用"分割窗体"工具创建分割窗体

分割窗体可以同时提供数据的两种视图：窗体视图和数据表视图。

分割窗体不同于窗体/子窗体的组合，它的两个视图连接到同一数据源，并且总是相互保持同步。如果在窗体的一部分中选择了一个字段，则会在窗体的另一部分中选择相同的字段。可以从任一部分添加、编辑或删除数据。

使用分割窗体可以在一个窗体中同时利用两种窗体类型的优势。例如，可以使用窗体的数据表部分快速定位记录，然后使用窗体部分查看或编辑记录。

【例 4.2】以"课程"表作为数据源，使用"分割窗体"工具创建分割窗体，窗体命名为"课程分割式窗体"。

操作步骤如下：

（1）在导航窗格中单击要在窗体上显示数据的"课程"表。

（2）单击"创建"选项卡→"窗体"组→"其他窗体"下拉列表中的"分割窗体"按钮。

（3）Access 2016 将创建窗体，并以布局视图显示该窗体，如图 4.6 所示。

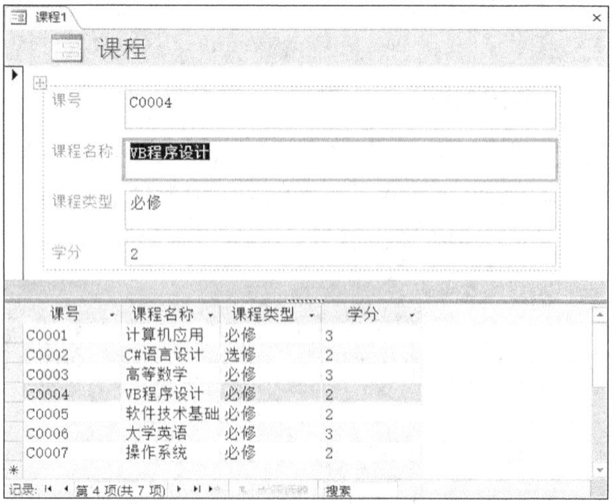

图 4.6　"课程"分割式窗体

（4）单击快速访问工具栏中的"保存"按钮，弹出"另存为"对话框，在"窗体名称"文本框中输入窗体的名称"课程分割式窗体"，单击"确定"按钮，保存该窗体。

4.2.3 使用"多个项目"工具创建显示多个记录的窗体

使用"窗体工具"创建的普通窗体，只能一次显示一条记录。如果一次需要显示多条记录，可以创建多个项目窗体。

使用"多个项目"工具创建的窗体在结构上类似于数据表，数据排列成行、列的形式，一次可以查看多个记录。但是，多项目窗体提供了比数据表更多的自定义选项，如添加图形元素、按钮和其他控件的功能。

【例 4.3】以"学生"表作为数据源，使用"多个项目"工具创建窗体，窗体命名为"学生"。

操作步骤如下：

（1）在导航窗格中单击要在窗体上显示数据的"学生"表。

（2）单击"创建"选项卡→"窗体"组→"其他窗体"下拉列表中的"多个项目"按钮。

（3）Access 2016 将创建窗体，如图 4.7 所示。

图 4.7 "学生"窗体

（4）单击快速访问工具栏中的"保存"按钮，弹出"另存为"对话框，在"窗体名称"文本框中输入窗体的名称"学生"，单击"确定"按钮，保存该窗体。

4.2.4 使用"窗体向导"工具创建窗体

要更好地选择哪些字段显示在窗体上，可以使用"窗体向导"来创建窗体；还可以指定数据的组合和排序方式；如果事先制定了表与查询之间的关系，还可以使用来自多个表或查询的字段。

1. 创建基于单表的窗体

【例 4.4】以"学生"表作为数据源，使用"窗体向导"工具创建窗体，窗体命名为"学生信息表窗体"。

操作步骤如下：

（1）单击"创建"选项卡→"窗体"组→"窗体向导"按钮，弹出图 4.8 所示的对话框。

（2）单击"表/查询"下拉按钮，在其下拉列表中选择"表：学生"，这时在"可用字段"

列表框中列出了"学生"表中所有可用的字段。

（3）在"可用字段"列表框中选择要显示的字段，单击 > 按钮将所选字段添加到"选定字段"列表框中；或者直接单击 >> 按钮，将所有字段添加到"选定字段"列表框中。本例选中"学号""姓名""性别""出生日期""政治面貌"等字段。

（4）单击"下一步"按钮，在弹出的对话框中提供了4种布局方式："纵栏表""表格""数据表""两端对齐"，如图4.9所示。本例选择"表格"布局方式。

图 4.8　"窗体向导"对话框 1

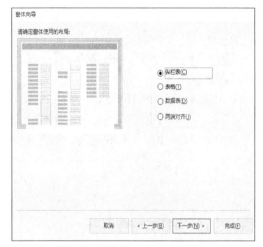

图 4.9　"窗体向导"对话框 2

（5）单击"下一步"按钮，在弹出的对话框中，输入窗体名称为"学生信息表窗体"。然后可以选择是查看窗体还是在设计视图中修改窗体，如图4.10所示。本例中，选择"打开窗体查看或输入信息"单选按钮。

（6）单击"完成"按钮，即可完成此窗体的创建，创建的窗体效果如图4.11所示。

图 4.10　"窗体向导"对话框 3

图 4.11　学生信息表窗体

2. 创建基于多表的主窗体和次窗体

上面创建的窗体仅仅采用了"学生"表作为数据源，是基于单表的窗体。利用窗体向导，也可以创建基于多表或多个查询的窗体。

【例4.5】使用窗体向导创建窗体，数据源为"教师"表和"授课"表，这两个表之间已经建立一对多的关系，主表是"教师"。

操作步骤如下：

（1）单击"创建"选项卡→"窗体"组→"窗体向导"按钮，弹出"窗体向导"的对话框。

（2）单击"表/查询"下拉按钮，在其下拉列表中选择"表：教师"，这时在"可用字段"列表框中列出了所有可用的字段。单击 ›› 按钮，将所有字段添加到"选定字段"列表框中。

（3）再次单击"表/查询"下拉按钮，从其下拉列表中选择"表：授课"。单击 ›› 按钮，将所有字段添加到"选定字段"列表框中。

（4）单击"下一步"按钮，弹出"窗体向导"的第二个对话框，如图4.12所示。

图 4.12　"窗体向导"对话框 1

（5）确定子窗体的放置方式。对比例4.4可以看出，前两步操作是一样的，但第2个向导对话框却是不一样的。这是因为此题中确定了两个数据源，而且它们之间已经建立了一对多的关系。因此，向导中自动将"多方"的"授课"表作为子窗体。

对话框下有两个单选按钮，如果选择"带有子窗体的窗体"单选按钮，则子窗体固定在主窗体中；如果选择"链接窗体"单选按钮，则子窗体设置成弹出式的窗体。这里选择"带有子窗体的窗体"单选按钮，然后单击"下一步"按钮，弹出"窗体向导"的第3个对话框，如图4.13所示。

（6）选择布局。在对话框中选择"表格"单选按钮，然后单击"下一步"按钮，屏幕显示向导的最后一个对话框，如图4.14所示。

（7）命名窗体。在"窗体"文本框中输入"教师"，在"子窗体"文本框中输入"授课 子窗体"，单击"完成"按钮。

图 4.13 "窗体向导"对话框 2

图 4.14 "窗体向导"对话框 3

在主窗体中,当前教师编号为 0001,子窗体中显示的记录正是主窗体中编号为 0001 的所有记录,即编号为 0001 的教师所授的所有课程。在记录选择器中单击"下一条"按钮,选择不同的教师编号时,子窗体显示的记录也随之变化。注意到窗体中有两组用于浏览记录的记录选择器,分别用来控制主窗体和子窗体中的记录。

在导航区也可看到系统自动创建了两个窗体,分别是教师和授课。

4.2.5 使用"空白窗体"工具创建窗体

【例 4.6】以"学院"表作为数据源,使用"空白窗体"工具创建窗体,命名为"学院"窗体。操作步骤如下:

(1)单击"创建"选项卡→"窗体"组→"空白窗体"按钮。Access 2016 将在布局视图中打开一个空白窗体,并显示"字段列表"窗格,如图 4.15 所示。

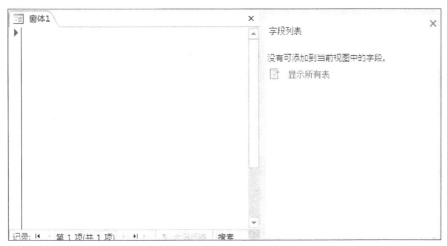

图 4.15　插入空白窗体

（2）在"字段列表"窗格中，单击"显示所有表"，再单击 "学院"旁边的加号，双击"学院编号""学院名称""教师人数"3 个字段，将其添加到窗体上，如图 4.16 所示。

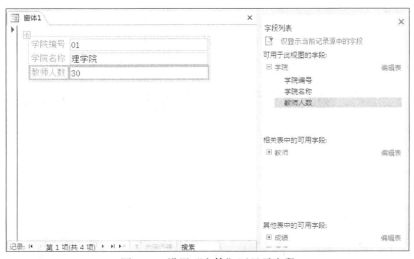

图 4.16　设置"主体"区显示字段

（3）单击"保存"按钮，弹出"另存为"对话框，在"窗体名称"文本框中输入窗体的名称"学院"，单击 "确定"按钮，保存该窗体。单击"开始"选项卡→"视图"组→"视图"下拉列表中的"窗体视图"按钮，切换到 "窗体视图"查看效果。

4.3　使用"窗体设计"工具自定义创建窗体

使用上一节介绍的各种方法可以方便地创建不同类型的窗体。但是，向导所创建的窗体，其版面布局、内容显示都是系统定义的，无法满足用户对窗体设计的特殊要求。例如，改变字段在窗体中显示的位置、添加不同的按钮、与数据库中的其他对象建立联系等。这时，就需要在设计视图下创建窗体。在设计视图下设计窗体称为自定义窗体。

也可以利用向导先创建一个窗体的框架，然后在设计视图下进行修改和补充，最终满足用户的要求。

窗体中显示的所有内容都是通过不同的控件来实现的，就是说，一个窗体是由若干个类型不同、属性不同的控件组成的。在用向导创建的窗体中，所选择的每一个控件的类型和控件的属性是由系统自动完成的，而在设计视图中，则需要用户自定义每个控件的使用。因此，自定义窗体的过程，实际上就是分别选择不同的控件和为每个控件设计不同属性不同事件的过程。

4.3.1 "窗体设计" 工具选项卡

打开窗体设计视图后，Access 2016 功能区中增加"窗体设计工具"上下文命令选项卡，分别是"设计"选项卡、"排列"选项卡、"格式"选项卡。

"窗体设计工具—设计"选项卡主要提供窗体的设计工具，如图 4.17 所示。

图 4.17   "设计"选项卡

"窗体设计工具—排列"选项卡主要对控件的大小、位置和对齐进行调整，如图 4.18 所示。

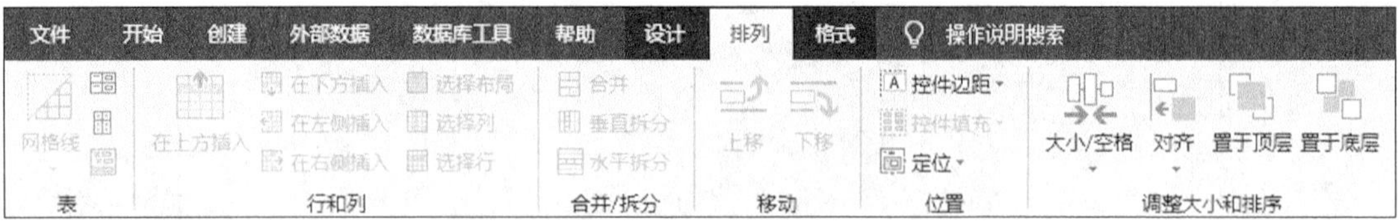

图 4.18   "排列"选项卡

"窗体设计工具—格式"选项卡用来设置控件的各种格式，如图 4.19 所示。

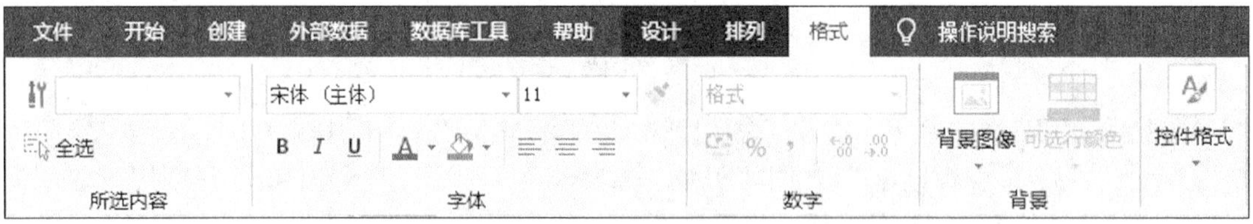

图 4.19   "格式"选项卡

4.3.2 控件

控件是窗体上用于显示数据、执行操作、装饰窗体的各种对象，它是构成用户界面的主要元素。在"设计"选项卡"控件"组的列表框中显示了一部分控件，单击列表框中的"其他"按钮，可以显示出所有控件，如图 4.20 所示。

灵活地运动窗体控件，可以创建出功能强大、界面美观的窗体，能够创建和设置窗体控件，可以说是使用设计视图创建窗体的主要优势所在。

图 4.20　"控件"列表框

1. 常用控件及其功能

1）文本框

文本框用来显示、输入或编辑窗体的基础记录源数据，接收用户的输入数据，也可以用来显示计算结果。

2）标签

标签用来在窗体上显示一些文本信息，如窗体标题、控件标题或说明信息等。标签没有数据源，不能与数据表的字段相结合。当从一条记录转移到另一条记录时，标签的内容不会变化。可以创建独立的标签，也可以将标签附加到其他控件上，大多数控件在添加时会自动在其前面添加一个标签。例如，创建一个文本框时，就会附带一个标签来显示文本框的标题。

3）复选框、选项按钮与切换按钮

复选框、选项按钮和切换按钮 3 种控件的功能类似，都可以分别用来表示两种状态之一。例如，是 / 否、真 / 假、开 / 关，用来显示查询中"是"或"否"的值。

复选框或选项按钮：选中为"是"，不选为"否"。

切换按钮：按下为"是"，否则为"否"。

4）选项组

一个选项组由一个框架及一组复选框、单选按钮或切换按钮组成。选项组可以方便用户选择一组确定值中的某一个，适用于二选一或者多选一。

5）列表框

列表框能够将一些内容以列表的形式列出，以供用户选择。

6）组合框

组合框兼有列表框和文本框的功能。该控件可以像文本框一样在其中输入值，也可以单击控件的下拉按钮显示一个列表，并从该列表中选择一项。

7）命令按钮

在窗体上显示命令按钮可用于执行某个操作。例如，可以创建一个命令按钮打开一个窗体，或者执行某个事件。

Access 提供了命令按钮向导，通过该向导可以方便地创建多种不同类型的命令按钮。

8）图像

图像控件用于在窗体或报表上显示图片。图片一旦加入到窗体或报表中，便不能再在 Access 2016 中修改或编辑。

9）未绑定对象框

未绑定对象框用于在窗体或报表中显示 OLE 对象，如 Word 文档等。其内容不随当前记录的改变而改变。

10）绑定对象框

绑定对象框用于在窗体或报表中显示数据表中字段类型为 OLE 对象的内容，如"学生"表中的"照片"字段。当前记录改变时，该对象的内容会变化，内容为不同记录的 OLE 对象字段值。

11）分页符

分页符可以使窗体或报表在打印时形成新的一页。使用分页符时，应该尽量把分页符放在其他控件的上方或下方，不要放在中间，以避免把同一个控件的数据分布在不同的页中。

12）选项卡

选项卡用于创建一个多页的选项卡窗体或选项卡对话框，这样可以在有限的空间内显示更多的内容或实现更多的功能，同时还可以避免在不同窗口之间切换的麻烦。选项卡控件上可以放置其他控件，也可以放置创建好的窗体。

13）子窗体 / 子报表

子窗体 / 子报表用于在当前窗体或报表中显示其他窗体或报表的数据。

14）直线和矩形

直线和矩形一般用于突出显示重要信息或美化窗体。

15）控件向导

控件向导的功能是，当用户从工具箱选择控件并添加到窗体后，系统将自动弹出"控件向导"对话框，指导用户设置控件的常用属性。

2. 控件的类型

通常，可以将控件分为绑定型、非绑定型和计算型 3 类。

1）绑定型控件

绑定型控件以表或者查询作为数据源，用于显示、输入及更新数据表中的字段。当表中记录改变时，控件内容也随之改变。如窗体中显示学生姓名的文本框可以从"学生"表中的"姓名"字段获得数据。

2）非绑定型控件

非绑定型控件没有数据来源，包括显示信息、线条和图像控件等，如窗体"标题"标签就是非绑定型控件。非绑定型控件可用于美化窗体。

3）计算型控件

计算型控件的数据源是表达式而不是字段控件。表达式可以是运算符（如 =、+）、控件名称、字段名称、返回单个值的函数等。

在设计窗体的过程中，Access 2016 提供两种方法将控件与字段结合起来。第一种方法是用户可以将表的一个或多个字段直接拖放到窗体主体节的适当位置，系统将自动创建合适类型的控件，并将该控件与字段结合。第二种方法是如果事先已经创建了未绑定型控件，并且想将它绑定到某字段，则可以先将窗体的"数据源"属性值设置为对应的表或查询，然后将控件的"控件来源"值设置为对应的字段。

3. 窗体和控件的属性

在 Access 2016 中，窗体、控件或其他数据库对象都有自己的属性。属性决定了窗体及控件的外观和结构。属性的名称及功能一般是 Access 2016 事先定义的，用户可通过属性对话框修改属性的值。

选定窗体或控件并单击"窗体设计工具—设计"选项卡→"工具"组→"属性表"按钮；或者在窗体或控件上右击，在弹出的快捷菜单中选择"属性"命令，即可打开"属性表"窗格，如图 4.21 所示。

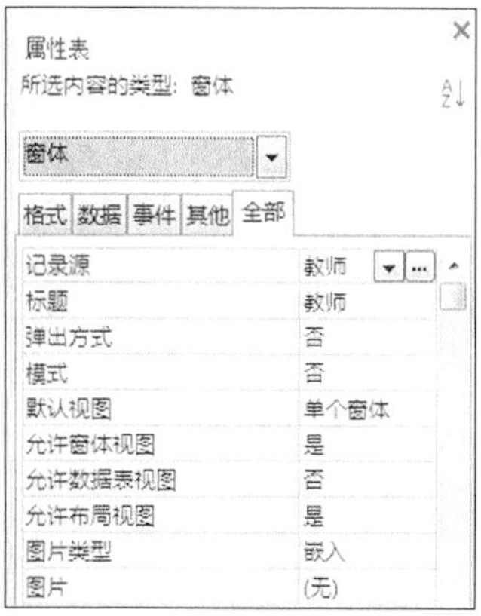

"属性表"窗格包含 5 个选项卡，分别是"格式""数据""事件""其他""全部"。前 3 个是主要属性组，最后一个是把前4 个属性组的项目集中到一起显示。

图 4.21　"属性表"窗格

1）"格式"选项卡

"格式"选项卡用于设置控件的外观，如位置、宽度、高度、图片，是否可见特性。通常"格式"属性都有一个默认的初始值，而"数据""事件""其他"属性一般没有默认值。

2）"数据"选项卡

"数据"选项卡用于指定 Access 2016 如何对该对象使用数据。例如，在"记录源"属性中指定窗体所使用的表或查询，另外还可以指定筛选和排序依据等。

3）"事件"选项卡

Access 2016 中允许为对象的事件指定命令或编写代码。常见的事件有"单击""双击""失去焦点"等。单击某事件右侧的按钮，在打开的窗口中可以使用"宏生成器""表达式生成器"或"代码生成器"调用宏或编写代码，使得事件发生后执行一定的操作，完成一定的任务。

4）"其他"选项卡

"其他"选项卡用于设置控件的其他附加信息。

4. 窗体和控件的事件

在 Access 2016 中，不同类型的对象可以响应的事件也有所不同。Access 2016 中的事件有窗体事件、鼠标事件、键盘事件、操作事件、焦点事件等。

4.3.3 使用控件自定义窗体

1. 使用标签和文本框

【例 4.7】以"学生"表作为数据源，使用"文本框"控件创建窗体，包含"学号"、"姓名"、"性别"、"民族"、"出生日期"和"专业"。窗体名称为"学生简况"。

操作步骤如下：

（1）单击"创建"选项卡→"窗体"组→"窗体设计"按钮。

（2）在窗体中右击，在弹出的快捷菜单中选择"窗体页眉 / 页脚"命令。

（3）在"窗体页眉"节区，单击"页眉 / 页脚"组中的"标题"按钮，在页眉节区插入标题标签，输入文字"学生简况"。在标签的属性表"格式"选项卡中，设置标签字体、字号、前景色等。

（4）单击"窗体设计工具—设计"选项卡→"工具"组→"添加现有字段"按钮，打开"字段列表"窗格。选择"学生"表并展开"学生"表的各个字段，如图 4.22 所示。

（5）选择"学号"字段，按下鼠标左键不放将其拖放到窗体"主体"节区的合适位置。使用同样的方法，将"姓名"、"性别"、"民族"、"出生日期"和"专业"字段也拖放到窗体"主体"节区中，Access 2016 会根据各字段的数据类型和默认的属性设置，为字段创建合适的控件并设置某些属性。在本例中，Access 2016 为各字段创建了结合型文本框，并在文本框前添加了一个标签，显示字段标题，如图 4.23 所示。

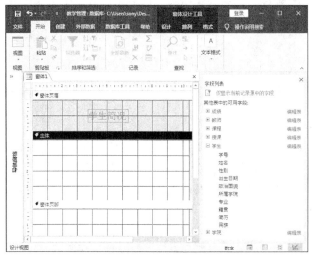

图 4.22 "字段列表"窗格

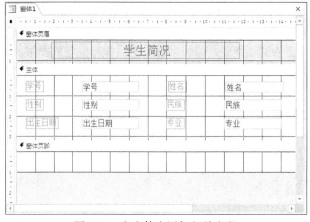

图 4.23 向窗体中添加相关字段

（6）将字段拖动到窗体的"主体"节区后，可利用"窗体设计工具→排列"选项卡"调整大小和排序"组调整控件的大小及控件之间的对齐方式。

（7）按住【Ctrl】键的同时选择"主体"节区中所有的控件，在"格式"选项卡→"字体"组中将字体颜色设置成黑色。

（8）单击"保存"按钮，弹出"另存为"对话框，输入窗体的名称"学生简况"，单击"确定"按钮。切换到"窗体视图"，通过窗体下方自带的记录浏览按钮，可分条浏览学生的基本信息

【例 4.8】以"学院"表作为数据源，通过设置未绑定控件的数据源的方法，创建"数据源绑定—学院"窗体。

操作步骤如下：

（1）单击"创建"选项卡→"窗体"组→"窗体设计"按钮，系统将创建一个窗体，并以

设计视图打开。

（2）在窗体上右击，弹出快捷菜单，选择"窗体页眉 / 页脚"命令。

（3）选择控件"标签"，在"窗体页眉"节区适当的位置拖动绘制，并输入文字"学院简介"。在"属性表"窗格的"格式"选项卡中，设置标签字体、字号、前景色等。

（4）添加未绑定的文本框控件。从控件箱中选择"文本框"控件，在窗体"主体"节区绘制 3 个未绑定的文本框控件，把它们的标签分别改为"学院编号""学院名称""教师人数"，并调整它们的大小和位置，如图 4.24 所示。

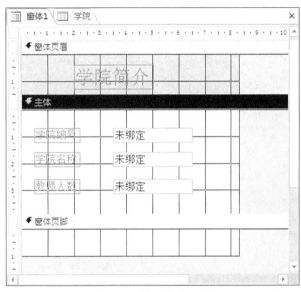

图 4.24　添加未绑定文本框

（5）设置窗体和控件的数据源。选中窗体，在"属性表"窗格的"数据"选项卡中，设置记录源为"学院"表。选中第一个文本框，在第一个未绑定文本框"属性表"窗格的"数据"选项卡中，设置其控件来源为"学院编号"字段，如图 4.25 所示。

图 4.25　设置窗体和控件的数据源

（6）用同样的方法设置另外两个文本框控件。

（7）单击"保存"按钮，弹出"另存为"对话框，输入窗体名称"数据源绑定—学院"。切换到窗体视图。

【例4.9】以"学生费用"表创建窗体，显示学生各项费用情况，计算并显示费用余额情况。窗体名称为"计算型控件—学生费用"。

分析：和前面的例子不同，本例中用于显示费用余额和当前日期的两个文本框属于计算型控件，其内容是通过计算得到的。

操作步骤如下：

（1）创建基本窗体。使用"窗体向导"工具选择"学生费用"表的所有字段，创建"学生费用"窗体。创建完成后，该窗体如图4.26所示。

图4.26 添加"学生费用"表中相关字段后的窗体

（2）添加计算控件。切换到窗体的设计视图，在窗体"主体"节区的底部添加两个文本框，并将其标签分别改为"费用余额"和"当前日期"。第一个文本框将显示学生当前费用余额，是通过计算得到的，在此文本框中输入"=[助学贷款]+[困难补助]+[奖学金]+[勤工俭学]–[学费]–[住宿费]–[书本费]"。第二个文本框用于显示系统当前日期，可由date()函数计算得到，因此，在其中输入"=date()"，如图4.27所示。

为了窗体界面整齐、突出计算结果，可以使用工具箱中的"矩形"控件在其外围画一个矩形框。为了窗体的美观，对窗体控件的大小、相对位置进行调整。

（3）单击"保存"按钮，弹出"另存为"对话框，输入窗体的名称"计算型控件—学生费用"。

2. 添加按钮

默认情况下，系统会自动在窗体底部添加一个记录导航栏，如果用户希望自定义导航按钮，则可以利用控件箱中的按钮控件制作。

【例4.10】对例4.8中创建的窗体进行修改，添加一组按钮用于浏览信息。

操作步骤如下：

（1）打开例4.8中创建的"数据源绑定—学院"窗体，将窗体另存为"按钮—信息浏览"窗体，并切换到设计视图。

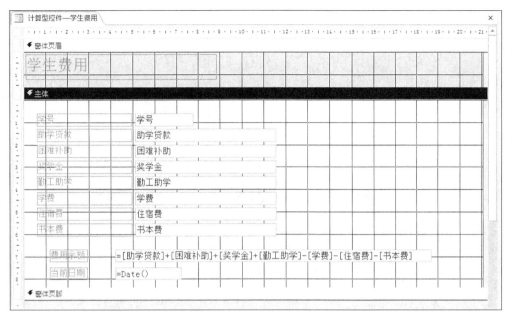

图 4.27　添加计算控件

（2）在控件工具箱中单击"控件向导"控件，使其处于凹陷状态，即激活控件向导。在控件工具箱中单击"选择按钮"控件，在"窗体页脚"节区的合适位置绘制一个按钮，同时弹出"命令按钮向导"的第一个对话框，在"类别"列表框中选择"记录导航"，在"操作"列表框中选择"转至第一项记录"，如图 4.28 所示。

图 4.28　"命令按钮向导"对话框 1

（3）单击"下一步"按钮，弹出"命令按钮向导"的第二个对话框，选择按钮上显示的是"文本"，内容为"第一项记录"。

（4）单击"下一步"按钮，弹出"命令按钮向导"的第三个对话框，可修改按钮的名称，这里使用默认名称。

（5）单击"完成"按钮，第一个按钮添加成功。按同样的方法，添加其他几个浏览记录的按钮，单击"窗体设计工具—排列"选项卡→"调整大小和顺序"组→"大小/空格"和"对齐"按钮调整控件的大小、对齐间距等，窗体界面如图 4.29 所示。

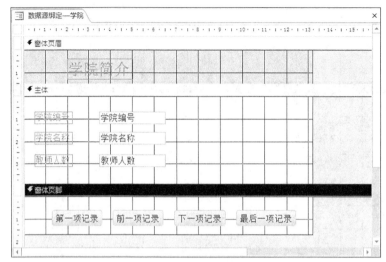

图 4.29　命令按钮制作完成

（6）取消系统自动添加的记录导航栏。在窗体上右击，在弹出的快捷菜单中选择"属性"命令，打开"属性表"窗格，在"格式"选项卡中设置"窗体导航"属性为"否"。

（7）保存窗体，切换到窗体视图。

3. 复选框、选项按钮、切换按钮及选项组的使用

在大多数情况下，复选框是表示"是 / 否"的最佳控件，是在窗体和报表中添加"是 / 否"字段时创建的默认控件类型。此外，控件工具箱还有选项按钮和切换按钮。它们三者的功能类似，只是外观有所不同。

选项组控件由一个组框和一组复选框、选项按钮或切换按钮组成，适合于二选一或者多选一的情况，当用户单击"选择"选项组中的某一项值时，就可以为字段选定数据值，这样省去了烦琐的人工输入。

【例 4.11】创建"课程信息录入"窗体，用于录入各门课程的信息到"课程"表中。要求"课程类型"字段的值在窗体中通过选项组控件来实现录入。

操作步骤如下：

（1）以课程表作为数据源，单击"创建"选项卡→"窗体"组→"窗体"按钮，创建"课程信息录入"窗体，并以布局视图来显示。

（2）切换到窗体的设计视图，单击"窗体主体"节区的按钮✛，选中整个布局，然后在控件上右击，在弹出的快捷菜单中选择"布局"→"删除布局"命令，如图 4.30 所示，这样可以单独操作各个控件。

（3）删除"课程类型"文本框及其前面的标签，单击"窗体设计工具—设计"选项卡→"控件"组→"其他"按钮，在其列表框中单击"使用控件向导"按钮，使其处于凹陷状态，它可以帮助用户创建选项组。

（4）单击控件工具箱中的"选项组"控件，在"主体"节区文本框"课程名称"下绘制选项组，并在弹出的"选项组向导"第一个对话框的"请为每个选项指定标签"文本框中分别输入"必修""选修"，如图 4.31 所示。

（5）单击"下一步"按钮，在弹出的对话框中设置默认选项为"必修"。

（6）单击"下一步"按钮，在弹出的对话框中给两个选项分别赋值为 1 和 2，如图 4.32 所示。

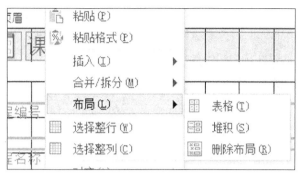

图 4.30　选择"删除布局"命令

图 4.31　添加选项组并设置标签

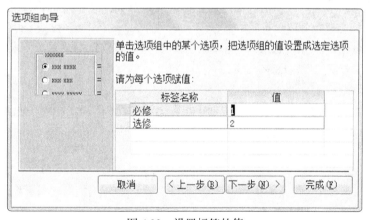

图 4.32　设置标签的值

（7）单击"下一步"按钮，在弹出的对话框中选择"在此字段中保存该值"单选按钮，并在右侧的下拉列表中选择"课程类型"字段，如图 4.33 所示。

（8）单击"下一步"按钮，在弹出的对话框中选择选项组内空间的类型和样式。此例选择控件类型为"选项按钮"，样式为"蚀刻"。

（9）单击"下一步"按钮，在弹出的对话框中设置选项组的标题为"课程类型"。

（10）单击"完成"按钮，调整控件的位置，使其工整美观，窗体即创建完成。保存窗体，输入窗体的名称"课程信息录入"。可以在此窗体中录入各门课程的信息,单击窗体下方记录导航按钮中的"下一条"按钮,可以逐条录入记录,并保存在"课程"表中。其中"课程类型"字段的值不需要输入,通过在选项组中选择即可。

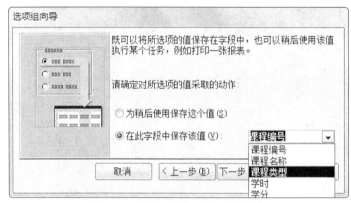

图 4.33 设置选项组和表字段绑定

4. 组合框和列表框的使用

如果窗体中输入的某项数据总是取自于一个表或查询中记录的数据,而且数据是固定内容的某一组值,可以使用组合框或列表框来完成。这样既可以保证数据的正确性,也可以提高数据的输入速度。例如,在输入教师基本信息时,职称的取值通常为教授、副教授、讲师、助教和其他,若将这些值放在组合框或列表框中,用户在输入数据时只需要选择即可完成,这样可以提高录入速度,还可以减少错误。

组合框和列表框既有相同之处,也有不同之处。列表框可以包含一行或几行数据,用户只能从列表框中选择,不能输入新值。通过组合框既可以从固定选项中选择,也可以输入文本,兼有列表框和文本框的功能。

【例 4.12】创建"教师信息录入"窗体,用于教师基本信息的录入。要求"职称"字段的值在窗体中通过组合框控件实现录入。

操作步骤如下:

(1)创建"教师信息录入"窗体,并创建与数据源"教师"表之间的联系,如图 4.34 所示。

图 4.34 初步创建"教师信息录入"窗体

（2）切换到窗体的设计视图模式，单击"窗体设计工具—设计"选项卡→"控件"组→"其他"按钮，在其下拉列表中单击"使用控件向导"按钮，使其处于凹陷状态。在图 4.34 所示的"学历"文本框下面画一个组合框，在弹出的"组合框向导"第一个对话框中选择"自行键入所需的值"单选按钮。单击"下一步"按钮，在弹出的对话框中设置"列数"为 1 列，在"第 1 列"下方分别输入"教授""副教授""讲师""助教""其他"等值，如图 4.35 所示。

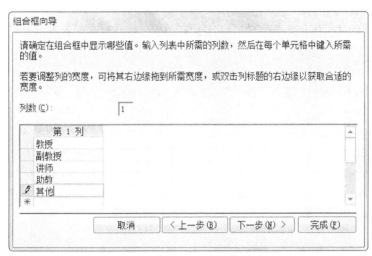

图 4.35 输入"职称"的值

（3）单击"下一步"按钮，在弹出的对话框中选择"将该数值保存在这个字段中"单选按钮，同时选择字段"职称"，如图 4.36 所示。

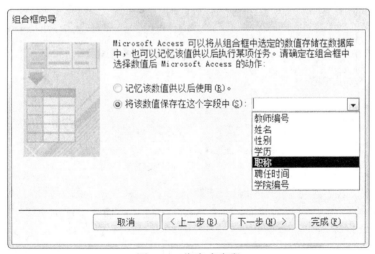

图 4.36 绑定表字段

（4）单击"下一步"按钮，在弹出的对话框中为组合框指定标签"职称"。

（5）单击"完成"按钮，组合框创建完成。在窗体中调整组合框的大小、位置、前景色，同时调整"主体"节区中控件的相对位置，使其排列整齐。保存"教师信息录入"窗体。

（6）切换到窗体视图模式，可在其中录入教师基本信息。在录入教师职称时，可以从下拉列表中选择，也可以输入。

列表框的创建和组合框类似。

5. 创建主/子窗体

窗体中的窗体称为"子窗体",包含子窗体的窗体称为"主窗体"。"主窗体"和"子窗体"主要用于显示具有一对多关系的表或查询中的数据。在这类窗体中,"主窗体"和"子窗体"彼此链接,"主窗体"与"子窗体"的信息保持同步更新,即当"主窗体"中的记录发生变化时,"子窗体"中的记录也同步发生变化。

"主窗体"可以包含多个"子窗体",还可以嵌套"子窗体",最多可以嵌套7层子窗体。

创建主/子窗体,可以使用"窗体向导"工具创建,也可以使用"子窗体/子报表"控件创建,还可以将已有的窗体作为子窗体添加到另一个窗体中。

【例4.13】基于"教师"表和"授课"表,使用窗体向导创建"向导—主子窗体—教师授课"窗体。

操作步骤如下:

(1)单击"创建"选项卡→"窗体"组→"窗体向导"按钮。

(2)弹出"窗体向导"的第1个对话框,在"表/查询"下拉列表中选择"教师"表,在"可用字段"列表框中选择"教师编号"和"姓名"字段,添加到"选定字段"列表框中,作为主窗体的数据源,如图4.37所示。

图4.37　添加主窗体数据源

(3)再次在"表/查询"下拉列表中选择"授课"表,在"可用字段"列表框中选择"教师编号""课程编号""授课时间""授课地点"字段,添加到"选定字段"列表框中,作为子窗体的数据源,如图4.38所示。

(4)单击"下一步"按钮,弹出图4.39所示的对话框,确定查看数据方式,即确定主窗体和子窗体,选择"通过 教师",即"教师"表作为主窗体的数据源,同时选中"带有子窗体的窗体"单选按钮。

(5)单击"下一步"按钮,屏幕上显示确定子窗体使用布局的对话框,有"表格"和"数据表"两种布局,选择"数据表"。

(6)单击"下一步"按钮,屏幕显示制定窗体标题的对话框,输入主窗体的名称"向导—主子窗体—教师授课",输入子窗体的名称"授课"。

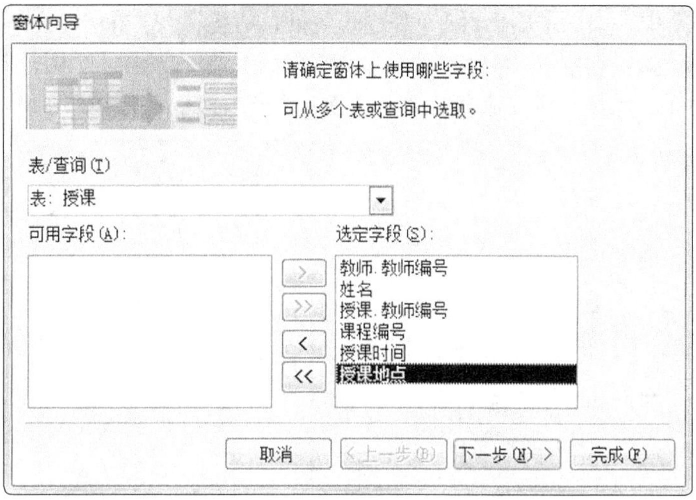

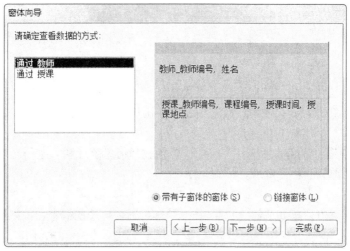

图 4.38　添加子窗体数据源

图 4.39　确定数据源查看方式

（7）单击"完成"按钮，生成图 4.40 所示的主 / 子窗体。

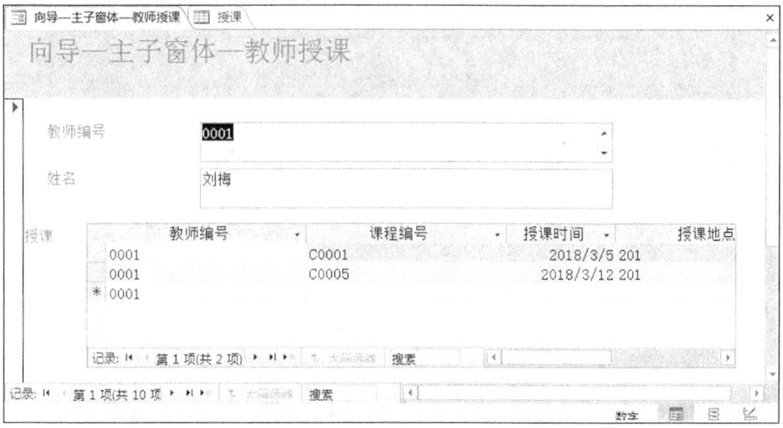

图 4.40　"向导—主子窗体—教师授课"窗体

在 Access 2016 中，如果之前已经在"教师"表和"授课"表之间建立了一对多的关系，如图 4.41 所示，那么选择"教师"表后，单击"创建"选项卡→"窗体"组→"窗体"按钮，则自动创建主 / 子窗体。保存窗体并命名为"自动创建主子窗体—教师授课"，如图 4.42 所示。

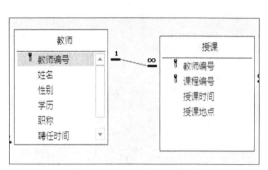

图 4.41   "一对多"关系

图 4.42   自动创建主 / 子窗体

6. 创建选项卡窗体

当需要在一个窗体中显示的内容较多且无法放在一个页面全部显示时，可以对信息进行分类，使用选项卡控件进行分页显示，查看信息时，用户只需要单击选项卡上相应的标签，即可进行页面切换。

【例 4.14】创建"师生信息统计"窗体，包括教师信息统计和学生信息统计，使用选项卡控件分别显示这两部分的相关信息。

操作步骤如下：

（1）打开窗体设计视图，在"页面页眉"节区合适位置绘制标签，并把标题修改为"师生信息统计"。单击"窗体设计工具—设计"选项卡→"控件"组→"选项卡"按钮，在"主体"节区放置选项卡的位置拖动鼠标，绘制一个充满"主体"节区的矩形，如图 4.43 所示。

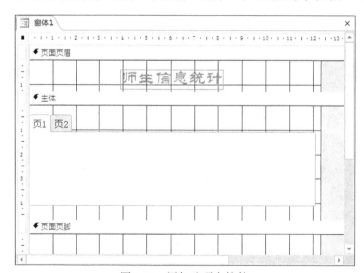

图 4.43   添加选项卡控件

（2）在"页 1"选项卡上右击，在弹出的快捷菜单中选择"属性"命令，打开"页 1"的"属性表"窗格，在"格式"选项卡的"标题"属性中，输入"教师信息"。同样，将"页 2"的标题修改为"学生信息"。

（3）选择"教师信息"选项卡，单击"窗体设计工具—设计"选项卡→"控件"组→"列表框"控件按钮，在窗体"主体"节区的合适位置添加列表框控件。同时弹出"列表框向导"的第一个对话框，选择"使用列表框获取其他表或查询中的值"单选按钮，如图 4.44 所示。

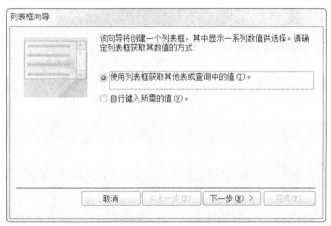

图 4.44 "列表框向导"对话框 1

（4）单击"下一步"按钮，弹出"列表框向导"的第二个对话框，在"请选择为列表框提供数值的表或查询"下拉列表中选择"表：教师"。单击"下一步"按钮。

（5）选择"教师"表中所有字段作为列表框中的列。

（6）设置列表框中数据排序的字段，同时设置排序方式，如图 4.45 所示。

图 4.45 记录排序设置

（7）在列的分界上拖动鼠标，调整列表框的列宽，如图 4.46 所示。

（8）给列表框制定标签"教师"，单击"完成"按钮，"教师信息"选项卡创建完成。

（9）同样的方法创建"学生信息"选项卡。

（10）保存窗体，并命名为"选项卡—教师学生信息"。切换到窗体视图下查看，如图 4.47 所示。

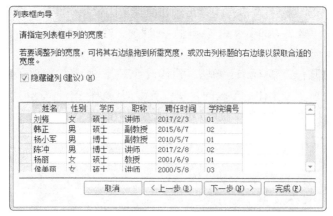

图 4.46　调整列宽

图 4.47　"选项卡—教师学生信息"窗体

4.4　修　饰　窗　体

一个设计合理的窗体，不仅要在功能上满足用户的需要，还应该注重界面的美观。可以对窗体的背景色和前景色进行设置，也可以对控件的背景色、前景色和字体、字形等进行设置。在 Access 2016 中，可以应用系统内置的主题对所有窗体创建统一的外观风格，也可以在单个窗体的属性窗口进行个性化设置。

4.4.1　应用主题

"主题"是从整体上来设计系统的外观，使所有窗体具有统一风格和色调。具体来说，主题提供一套统一的设计元素和配色方案。

【例 4.15】对"教学管理"数据库应用系统提供的主题。

操作步骤如下：

（1）在"教学管理系统"数据库中，以布局视图打开任一窗体。

（2）单击"窗体设计工具—设计"选项卡→"主题"组→"主题"下拉按钮，在其下拉列表中选择一个主题。

（3）可以发现，页眉的背景颜色、标题文字等格式发生了改变。

4.4.2 设置窗体的格式属性

窗体创建完成后，如果对系统默认的格式不满意，可以在设计视图中重新打开窗体，通过窗体的"属性表"窗格来设置其格式。

在设计视图下打开窗体，单击"窗体设计工具—设计"选项卡→"工具"组→"属性表"按钮，打开窗体的"属性表"窗格，设置窗体的属性值，如分隔线、滚动条、"关闭"按钮、"最大化 / 最小化"按钮等。

4.4.3 添加背景图像

为了美化窗体，可以在窗体中添加背景图像，它可以应用于整个窗体。

在布局视图中打开窗体。单击"窗体布局工具—格式"选项卡→"背景"组→"背景图像"按钮。在弹出的对话框中单击"浏览"按钮，打开相应的图像即可。切换到"窗体视图"查看效果。

习　　题

1. 在"教学管理系统"数据库中，创建一个窗体，并在窗体上创建一个选项卡控件，要求选项卡有 3 页，第一页用于显示"教师信息"，第二页用于显示"学生信息"，第三页插入一个"日历"控件。

2. 创建一个窗体，在窗体中添加当前日期和时间。

3. 创建一个窗体，在窗体上放置一个命令按钮，然后创建该命令按钮的"单击"时间过程，功能是在"窗体视图"下单击该按钮，系统会显示"测试完毕"的信息。

4. 在"教学管理系统"数据库中，以"学生"表为数据源，创建窗体"学生基本情况"，向窗体的页眉加入文本框，居中显示当前日期：在页脚中添加按钮"前一记录"、"后一记录"和"关闭窗体"按钮，分别实现浏览前一记录、下一记录、关闭窗体。

5. 在"教学管理系统"数据库中，利用窗体向导，创建带有子窗体的窗体。

（1）主窗体的数据源使用"学生"表，包含字段为"学号""姓名""性别""专业"，窗体名称为"学生信息"。

（2）子窗体数据源使用"成绩"表，其布局为"数据表"，子窗体名称为"课程成绩"。

（3）对主窗体做如下设置：

① 在页眉中添加名为"学生基本信息"的标签，其字体为"楷体""22 号"，居中对齐。

② 取消窗体中的记录浏览按钮。

③ 对数据的操作设置为允许修改、不允许添加。

（4）对子窗体做如下设置：

① 设置子窗体宽度为 9.5 cm。

② 对数据的操作设置为不允许修改。

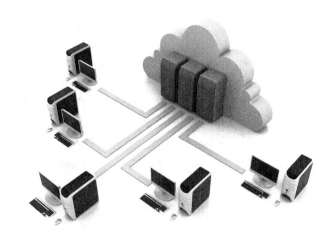

第5章
报　　表

报表是 Access 2016 数据库中的第四大对象，是为数据的显示和打印而存在的，它可以多种形式组织数据库中的信息并输出。

报表的数据源可以是表或查询，用户不仅可以按自己的需求设计报表的格式，决定数据显示的详细程度，还可以对数据进行排序、分组和汇总统计，甚至设计包含子报表的形式或者生成图形、图表，然后将需要的内容输出到屏幕或者打印。尽管报表设计的控件和形式与窗体非常相似，但它的功能却有本质不同，报表只是用来设计以何种样式打印数据信息。

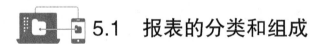 ## 5.1　报表的分类和组成

5.1.1　报表的分类

报表的主要作用是构造用户需要的打印输出格式，根据输出数据的方式不同，可以将报表分成 4 类：纵栏式报表、表格式报表、标签报表和图表报表。

1. 纵栏式报表

纵栏式报表与纵栏式窗体格式相似。其特点是，显示记录时，每行显示一个字段，其中左列显示的是每个字段的名称，右列显示的是字段的值。

2. 表格式报表

表格式报表以行列形式显示记录。通常一行显示一条记录，一页显示多条记录。报表中，各字段名只在报表每页上方出现一次。

3. 标签报表

标签报表是 Access 的一个实用的功能。要创建一个标签，可以使用标签向导或设计视图进行创建。

4. 图表报表

图表报表是以图表方式显示数据，图表可以单独使用，也可以放在子报表中。

5.1.2　报表的视图

对报表进行操作时，可以使用的视图主要有 4 种，分别是"设计视图""报表视图""布局视图""打印预览"。

"报表设计工具—设计"选项卡→"视图"组中只有一个"视图"按钮，单击该按钮，在弹出的下拉列表中切换视图，如图 5.1 所示。

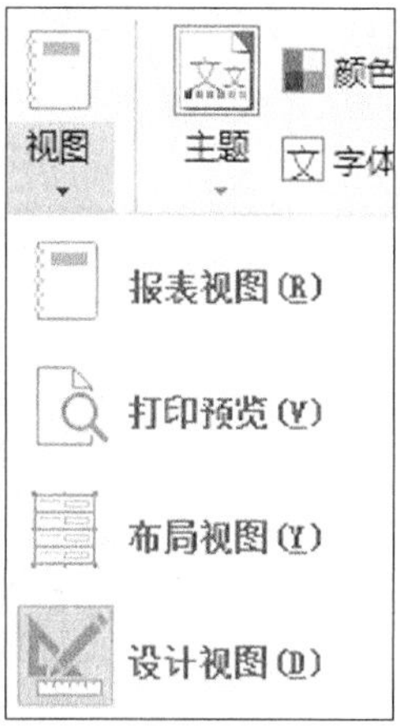

1. 报表视图

报表视图的功能跟窗体视图相似，在屏幕上显示报表最终生成的结果。在报表视图中，无法再对报表的格式和内容进行修改，也无法显示多列报表的实际运行效果，但可以通过快捷菜单对报表中的记录进行筛选、查找等操作。

2. 打印预览

打印预览是报表打印时的显示效果，和报表视图的显示相似。不同

图 5.1　报表的视图

的是，打印预览可以完整地显示报表的外观和对页面进行设置。对于已创建多个列的报表（如标签式报表），只有在打印预览中才能查看这些输出效果。

3. 布局视图

布局视图和报表视图几乎一样，但是该视图中各个控件的位置可以移动，用户可以重新布局各种控件，删除不需要的控件，设置各个控件的属性等，但是不能像设计视图一样添加各种控件。

布局视图是用于修改报表最直观的视图，以行列形式显示表、查询的数据。

由于在修改报表的同时可以看到数据，因此，是非常直观的视图。可用于设置控件大小或者执行几乎所有其他影响报表的外观和可用性的任务。

4. 设计视图

设计视图用于报表的自定义创建和修改、添加控件和表达式、设置控件的各种属性、美化报表等。

5.1.3　报表的结构

从设计视图的窗格（见图 5.2）可以看出，一个报表由 5 部分构成，每部分称为一个"节"，这 5 个节分别是报表页眉，页面页眉、主体、页面页脚、报表页脚。实际上，首次打开设计视图窗格时，窗格中只有页面页眉、主体、页面页脚这 3 个节，另外两个节"报表页眉"和"报表页脚"可根据需要通过报表右键快捷菜单选择是否启用。除了这 5 部分外，如果在报表中设计了分组，视图窗格中还可以有另外两个节，分别是分组页眉和分组页脚。

1. 报表页眉

报表页眉位于报表的开始，一般用于设置报表的标题、使用说明。整个报表中只有一个报表页眉，并且仅在报表的第一页的顶端打印一次。报表页眉这一节通常显示报表的标题。

在报表中是否使用"报表页眉"节或"报表页脚"节，可通过右击"主体"节通过快捷菜单选择。

2. 页面页眉

"页面页眉"节中的内容在报表的每一页顶端都显示一次，在表格式报表中用来设置显示报表的字段名称或分组名称。对报表的第一页，页面页眉显示在报表页眉的下方。

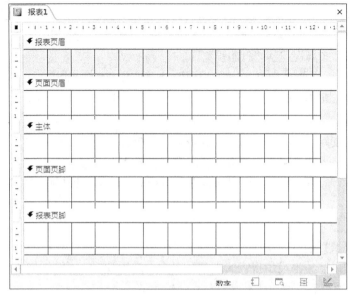

图 5.2 报表的设计视图

3. 分组页眉

在报表中是否使用"分组页眉"或"分组页脚,可通过"报表设计工具—设计"选项卡→"分组和汇总"组→"分组和排序"按钮进行设置。也就是说,和其他两组页眉和页脚相比,"分组页眉"和"分组页脚"可根据需要单独进行设置。

在该节中,主要是对分组字段的数据进行设置,从而可以实现报表的分组输出和分组统计。例如,如果将学生表中的"性别"字段设置在该节中,则报表就可以按不同的性别进行分组处理,这时,这两节的名称在设计视图中分别变成"性别页眉"和"性别页脚",也就是用分组字段的名称作为节的名称。

也可以指定其他的分类字段对每个分组继续分组。例如,对记录按性别进行分组后,分别对男生和女生再按班级分组。这样,可以根据需要建立具有多级层次的分组页眉和分组页脚。

在分组页眉中设置的内容,将在报表的每个分组的开始显示一次。

4. 主体

"主体"节是报表中显示数据的主要区域,用来显示每条记录的数据,放置各种控件并与数据源中的字段绑定。根据字段类型不同,字段的数据使用文本框、复选框或绑定对象框进行显示,也可以包含对字段的计算结果。

5. 分组页脚

在"分组页脚"节中,通常安排分组的统计数据,主要是通过文本框实现。在该节中设置的内容显示在每个分组的结束位置。

6. 页面页脚

"页面页脚"节出现在每页的底部,每一页中有一个页面页脚,用来设置本页的汇总说明、插入日期或页码等,最常用的是在每页的底部显示页码信息。

7. 报表页脚

"报表页脚"节只出现在报表的结尾处,用于显示对所有记录都要显示的内容,包括整个报表的汇总说明、结束语等。

5.2 创建报表

创建报表的过程与创建窗体类似，在 Access 2016 中，可以使用报表工具自动创建报表，可以使用报表向导创建基于选项参数的报表、使用设计视图创建自定义格式和功能的复杂报表。

5.2.1 快速创建报表

使用报表工具是创建报表最快捷的方式，但只能创建简单的表格式报表。此方式创建的报表只能选择单个表或者查询作为数据源并且包含该数据源的所有字段和记录。

【例 5.1】 使用报表工具创建“教师信息”报表。

操作步骤如下：

（1）选中“教师”表作为数据源。

（2）单击“创建”选项卡→“报表”组→“报表”按钮。

（3）Access 2016 将自动在布局视图中生成和显示报表，如图 5.3 所示。

（4）默认的报表名称与数据源名称相同，保存报表，并重命名为“教师信息”。

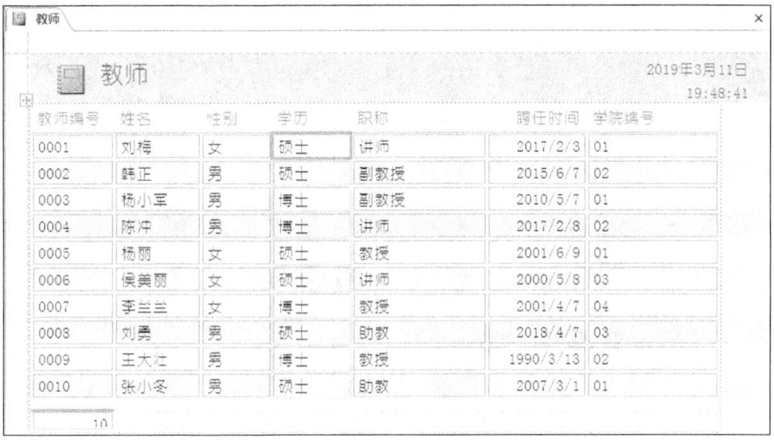

教师

教师

2019年3月11日
19:48:41

教师编号	姓名	性别	学历	职称	聘任时间	学院编号
0001	刘梅	女	硕士	讲师	2017/2/3	01
0002	韩正	男	硕士	副教授	2015/6/7	02
0003	杨小军	男	博士	副教授	2010/5/7	01
0004	陈冲	男	博士	讲师	2017/2/8	02
0005	杨丽	女	硕士	教授	2001/6/9	01
0006	侯美丽	女	硕士	讲师	2000/5/8	03
0007	李兰兰	女	博士	教授	2001/4/7	04
0008	刘勇	男	硕士	助教	2018/4/7	03
0009	王大壮	男	博士	教授	1990/3/13	02
0010	张小冬	男	硕士	助教	2007/3/1	01

10

图 5.3 “教师信息”报表

5.2.2 向导创建报表

虽然使用报表工具可以快速地创建报表，但数据源只能选择一个表或查询以及报表必须显示数据源中的所有字段，在很大程度上限制了报表的实用性设计要求，而使用报表向导则可以选择多个表或者查询作为数据源，并且可以指定显示数据源中的部分或者全部字段，还可以设置数据的分组和排序方式或进行汇总统计。

【例 5.2】 使用报表向导创建“学生成绩—课程分组”报表。要求按课程名分组并按成绩升序排列，汇总显示每门课的平均分。

操作步骤如下：

（1）单击“创建”选项卡→“报表”组→“报表向导”按钮，弹出“报表向导”对话框。

（2）在“表 / 查询”下拉列表中选择“表：学生”作为数据源，并从“可用字段”列表框中选择“姓名”字段添加到右侧“选定字段”列表框中。继续添加“课程”表中的“课程名称”

字段和"成绩"表中的"成绩"字段，如图 5.4 所示。

图 5.4 选择报表数据源和字段

（3）如果上一步选定的数据源来源于多张相关表，则会进入当前显示的查看方式设置对话框，否则直接进入下一步的分组设置对话框。在"请确定查看数据的方式"列表框中会根据数据源中相关表的表间关系列出按照表名进行自动分组的选项。本例选择"通过 成绩"，即不自动分组，如图 5.5 所示，单击"下一步"按钮。

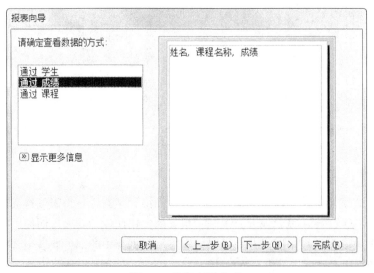

图 5.5 确定查看方式

（4）不同于上一步的按表间关系自动分组，在当前对话框中可以用任意字段设置分组级别。在"是否添加分组级别"列表框中选择"课程名称"字段并添加，如图 5.6 所示。

（5）单击"下一步"按钮，在排序设置区域选择"成绩"为排序字段，并在其后指定为"升序"，如图 5.7 所示。

（6）单击"汇总选项"按钮，弹出"汇总选项"对话框，设置"成绩"字段的汇总值为"平均"，如图 5.8 所示。

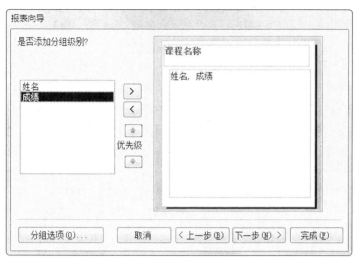

图 5.6　设置分组级别

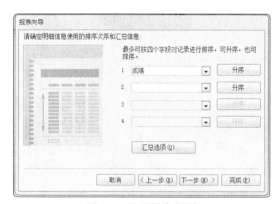

图 5.7　设置排序规则

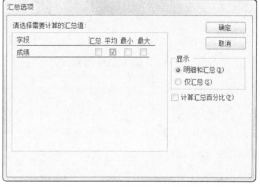

图 5.8　"汇总选项"对话框

（7）在布局方式设置区域可以根据需要选择不同的布局和方向。通过左侧的预览图可观察效果，勾选"调整字段宽度使所有字段都能显示在一页中"复选框。如果之前没有设置分组，则这一步中的 3 个布局方式的选项会变成"纵栏表""表格""两端对齐"，单击"下一步"按钮。

（8）在"请为报表指定标题"文本框中输入报表标题"学生成绩 - 课程分组"，并选择创建报表后"预览报表"。单击"完成"按钮，创建的报表如图 5.9 所示。

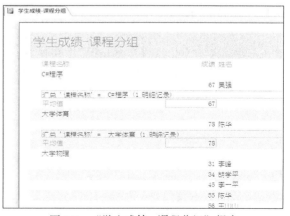

图 5.9　"学生成绩 - 课程分组"报表

5.2.3　创建标签式报表

标签式报表是一种特殊格式的报表，它以记录为单位，创建大小、格式完全相同的独立区域。

标签在实际应用中非常普遍，常用于制作信封、成绩通知单、商品标签等。

【例 5.3】使用标签向导创建标签报表，数据源为"学生"表，标签中包含学号、姓名、性别和出生日期 4 个字段。

操作步骤如下：

（1）选择"学生"表作为数据源。

（2）单击"创建"选项卡→"报表"组→"标签"按钮，弹出"标签向导"对话框。

（3）在"标签向导"的第一个对话框中，可以在列表框中选择标签的尺寸，也可以单击"自定义"按钮，自行定义标签的大小。本例选择 C2166，单击"下一步"按钮。

（4）在第二个对话框中，设置标签文本的字体、字号、颜色、下画线等，单击"下一步"按钮。

（5）在第三个对话框中，设置标签上要显示的内容。在右侧的"原型标签"列表框中输入"学号："，再双击"可用字段"列表框中的"学号"字段。同样的方法，设置"姓名""性别""出生日期"。设置后的内容如图 5.10 所示。

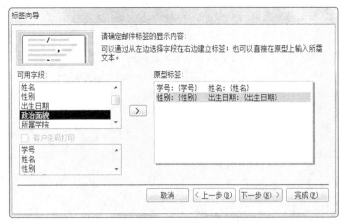

图 5.10　设置标签上要显示的内容

（6）单击"下一步"，弹出"标签向导"的第四个对话框。指定对标签排序的字段。本例选择"学号"字段。

（7）单击"下一步"弹出"标签向导"的第五个对话框，可以为新建的报表指定名称。在名称框中输入"标签 - 学生基本情况"。单击"完成"按钮，完成标签报表的设计，如图 5.11 所示。

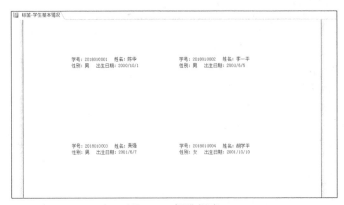

图 5.11　标签报表

5.2.4 使用设置视图创建报表

使用报表工具或报表向导创建的报表都是由 Access 2016 提供的设计器自动生成的，有一些功能和格式不能自由设置。而使用设计视图创建报表，则可以完全按照用户的需求定义功能、设置格式，具有更大的灵活性和实用性。

使用报表设计视图创建报表的方式有两种："报表设计"和"空报表"按钮。两种方式的区别在于用"报表设计"创建报表时默认进入设计视图，各种控件及显示的数据完全需要自己添加和设置。而用"空报表"按钮创建报表时，默认进入布局视图，可以在字段列表中将需要的字段通过双击或者拖动快速添加到报表中，极大简化了自定义报表的制作过程。

使用设计视图创建报表的操作主要包括以下几个步骤：

（1）设置报表的数据源，可以通过在报表的"记录源"属性中选择表或查询实现，也可以通过添加现有字段自动生成嵌入式查询实现，还可以利用查询设计器自由创建嵌入式查询实现。

（2）根据需求确定报表的结构和样式，包括添加和删除报表节，调整各节大小、背景、格式、可见性等操作。

（3）向报表中添加各种功能的控件，可选择使用控件向导简化控件的添加和设置过程。

（4）调整控件的布局、对齐、位置以及格式、数据、事件等属性以实现显示数据或计算汇总等功能。

【例 5.4】使用设计视图创建"课程预览"报表。

操作步骤如下：

（1）单击"创建"选项卡→"报表"组→"报表设计"按钮，创建一个空报表并进入设计视图。

（2）单击"报表设计工具—设计"选项卡→"工具"组→"添加现有字段"按钮，打开"字段列表"窗格并单击其中的"显示所有表"，右边窗格中将显示数据库中所有的可用表。

（3）展开"课程"表的可用字段，选择"课程名称"字段双击或者拖放到报表的"主体"节中，将自动创建一个带有"课程名称"标签的文本框控件并与"课程名称"字段绑定。

在"字段列表"窗格下方的"相关表中的可用字段"列表中，选择"授课"表中的"授课地点"，用相同的方法添加到"主体"节。

再添加"教师"表中的"姓名"字段到"主体"节，如图 5.12 所示。

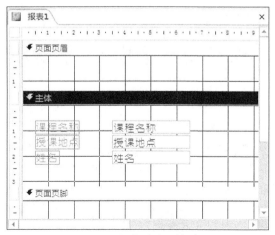

图 5.12　添加字段到报表

（4）单击"报表设计工具—设计"选项卡→"工具"组→"属性表"按钮，打开"属性表"窗格。单击列表下拉按钮，选择"报表"。选择"数据"选项卡，第一行"记录源"属性框中可根据需要选择现有的表或查询作为数据源。

（5）通过剪切、粘贴的方法，将"主体"节中的"课程名称""授课地点""姓名"3 个标签控件移动到"页面页眉"节中，然后调整标签控件和文本框控件的大小和位置，使格式整齐。

（6）在报表的空白区域右击，在弹出的快捷菜单中选择"报表页眉 / 页脚"命令，单击"报表设计工具—设计"选项卡→"页眉 / 页脚"组→"标题"按钮，在"报表页眉"节中输入标题"课程表综合预览"，并调整格式，如图 5.13 所示。

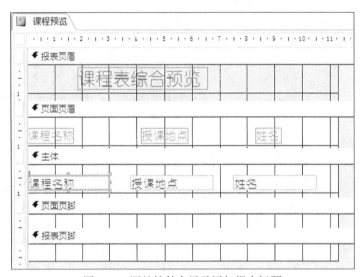

图 5.13　调整控件布局及添加报表标题

（7）单击"报表设计工具—设计"选项卡→"控件"组→"标签"按钮，在"报表页脚"中添加一个标签控件，在其中输入"制表人：×××"，并调整格式。

（8）拖动"报表页脚"节指示器的上边缘，隐藏"页面页脚"节，同时调整其他各节的高度，也可切换到布局视图，在查看报表显示效果的同时再进行格式调整。保存报表，并重命名为"课表预览"。

5.3　报表的排序、分组和计算

5.3.1　分组、排序和汇总

报表除了可以输入原始数据之外，还拥有强大的数据分析管理功能，它可以将数据进行分组、排序和汇总。分组是将具有共同特征的相关记录组成一个集合，在显示和打印时集中在一起，并且可以为同组记录设置要显示的概要和汇总信息。排序是将记录按照一定的顺序排列输入以实现特定的需求。汇总可对报表中的数据以整体或分组进行统计并输出，便于对报表信息进行分析总结。

【例 5.5】使用设计视图创建"学生成绩 - 姓名分组"报表，要求按学生姓名分组并按成绩降序排列。汇总显示每个学生的选课科目数和平均分。

操作步骤如下：

（1）在设计视图下创建图 5.14 所示的显示学生成绩的简单报表。

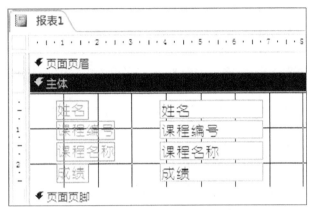

图 5.14　创建显示学生成绩的简单报表

（2）单击"报表设计工具—设计"选项卡→"分组和汇总"组→"分组和排序"按钮，在窗口下方打开"分组、排序和汇总"窗口。

（3）单击"添加组"按钮，在弹出的选择字段列表框中选择"姓名"字段，同时报表中自动添加"姓名"页眉节即组页眉节。

（4）单击分组设置行中的"更多"按钮，展开选项，单击"汇总"下接按钮，打开"汇总选项"下拉列表，对"课程名称"字段进行"记录计数"汇总设置，如图 5.15 所示。

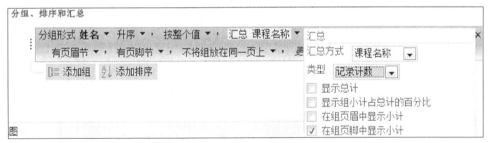

图 5.15　汇总选项列表

（5）同样的方式再对"成绩"字段进行"平均值"汇总设置，完成后"姓名页脚"节即组页脚节，将自动添加相应文本框控件实现汇总，在对应控件的前面添加标签控件"选课科目""平均分"用以显示汇总名称，如图 5.16 所示。

（6）单击"添加排序"按钮，在弹出的选择字段列表框中选择"成绩"字段，在其后的排序顺序中选择"降序"，如图 5.17 所示。

（7）将"主体"节中用以显示姓名的文本框控件通过剪切移动到"姓名页眉"节中，将显示姓名、课程编号、课程名称和成绩的标签控件移动到"页面页眉"节中。为使报表结构清晰，再在分组的明细和汇总间以及分组间添加横线分隔，调整所有控件的大小、位置、对齐和格式，如图 5.18 所示。

（8）切换到打印预览，创建的报表如图 5.19 所示。

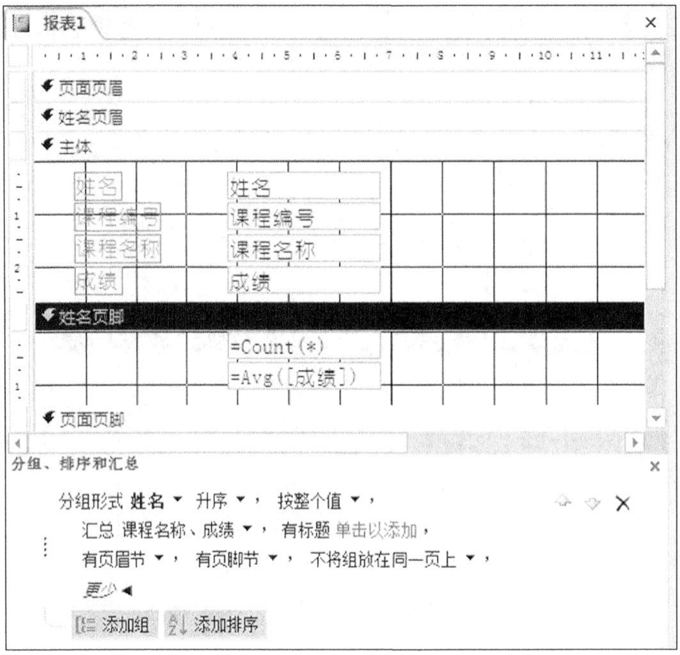

图 5.16 添加汇总和组页脚

图 5.17 添加排序

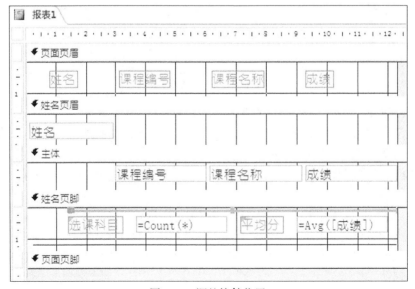

图 5.18 调整控件位置

图 5.19 "学生成绩-姓名分组"报表

5.3.2 报表计算

虽然通过向导或设计视图可以在报表中快速方便地添加汇总，但可选择的汇总类型有限，有时无法满足用户的需求，因而可在报表中使用控件以实现更多样化的计算功能。文本框是最常用的可以实现计算功能的一类控件，使用方法是在设计报表时将文本框的"控件来源"属性设置为需要的计算表达式，即可在报表输出时得到计算结果。设置时，可以直接在"控件来源"属性框中输入以"="开头的计算表达式或借助属性框右侧的"表达式生成器"按钮完成。

【例 5.6】在例 5.5 创建的"学生成绩-姓名分组"报表中添加对每个学生的总成绩和所有学生总成绩的汇总。

操作步骤如下：

（1）在设计视图下打开例 5.5 创建的"学生成绩-姓名分组"报表。

（2）右击报表的空白区域，在弹出的快捷菜单中选择"报表页眉/页脚"命令，在报表中将添加"报表页眉"和"报表页脚"节。单击"报表设计工具—设计"选项卡→"控件"组→"文本框"按钮，在"报表页脚"节中添加一个文本框控件。

（3）选定添加的文本框控件，单击"报表设计工具—设计"选项卡→"工具"组→"属性表"按钮，打开"属性表"窗格，选择"数据"选项卡，在第一行"数据来源"属性框中输入"=sum([成绩])"。在文本框前面的标签中输入"总成绩"用以显示汇总名称，如图 5.20 所示。

（4）将设置好的文本框及标签复制到"姓名页脚"节即组页脚节中。调整控件的大小、位置、对齐和格式，如图 5.21 所示。

（5）切换到打印预览。保存报表。

图 5.20　设置文本框属性

图 5.21　添加组汇总和报表汇总

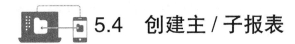

5.4　创建主/子报表

和窗体类似，在报表中也可以再插入报表，即子报表。一个主报表最多可以嵌套 7 个层次的子报表。

【例 5.7】使用子报表向导创建"学生信息明细 - 主报表"报表。

操作步骤如下：

（1）在设计视图下创建图 5.22 所示的显示学生信息的简单报表。

（2）单击"报表设计工具—设计"选项卡→"控件"组→"子窗体/子报表"按钮，在报表的"主体"节中添加一个子报表控件，同时打开"子报表向导"对话框。选择"使用现有的表和查询"单选按钮，单击"下一步"按钮。

（3）在"表/查询"下拉列表中选择"表：学生"作为数据源，并从左侧"可用字段"列表框中选择"学号"字段添加到右侧"选定字段"列表框中。再添加"课程"表中的"课程编号"

和"课程名称"字段，继续添加"成绩"表中的"成绩"字段，如图 5.23 所示，单击"下一步"
按钮。

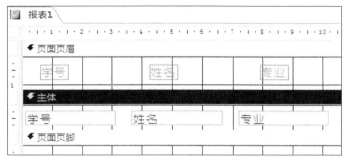

图 5.22　简单的学生信息报表

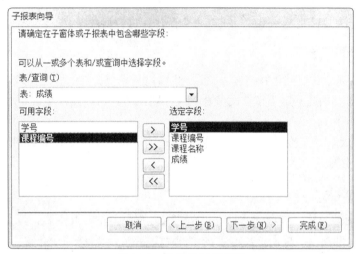

图 5.23　选择子报表字段

（4）在确定主 / 子报表的链接字段对话框中选择"自行定义"单选按钮，下方两组列表框
用来选择主表和子表的链接字段，在此处选择"学号"字段，如图 5.24 所示，单击"下一步"按钮。

图 5.24　设置链接字段

（5）输入子报表的名称"学生成绩 - 子报表"，单击"完成"按钮。返回报表的设计视图。删除用以显示"姓名"字段的标签和文本框以及子报表的名称标签，以避免和主表重复显示。调整所有控件的大小、位置、对齐和格式。切换到打印预览。保存报表并重命名为"学生信息明细 - 主报表"。

5.5　美　化　报　表

5.5.1　设置报表的外观

在创建了报表之后，就可以在设计视图中进行格式化处理，以获得理想的显示效果。通常采用的方法有两种，一种是"属性表"窗格中的"格式"选项卡对报表中的控件进行格式设置。另一种是使用"报表设计工具—格式"选项卡中的按钮进行格式设置。

5.5.2　设置报表的主题

同窗体设计类似，对已经建好的报表，用户也可以从系统提供的固定样式中选择某个格式，这些样式称为主题。主题确定了窗体的颜色、文字格式等内容，使用主题可以简化对窗体外观的设计工作。

设置窗体的主题，在"报表设计工具—设计"选项卡→"主题"组中，分别单击"主题""颜色""字体" 3 个按钮，在其下拉选项中进行选择。

5.5.3　添加背景图案

设置某个指定的图片为报表的背景，可在"设计视图"中打开报表，打开"报表属性"窗格，选择"格式"选项卡。单击选项卡中的"图片"一行，然后单击该行右侧的 ⋯ 按钮，弹出"插入图片"对话框。在对话框中选择要作为背景图片的文件所在的位置，单击"打开"按钮，被选择的图片文件插入到报表中作为报表背景。

5.5.4　插入日期和时间

向报表中插入日期和时间，可以使用功能区的按钮或控件。

1.　使用功能区按钮

在设计视图中打开要添加日期和时间的报表，单击"设计"选项卡→"页眉 / 页脚"组→"日期和时间"按钮，弹出"日期和时间"对话框。在"包含日期"区域选择所需的日期格式，在"包含时间"区域选择所需的时间格式。

2.　使用文本框插入日期和时间

使用文本框在报表中插入日期和时间时，可以将日期和时间显示在报表的任何节中。

在设计视图中打开报表，向报表中添加一个文本框，添加的位置可以是报表中的任何一个节。删除与文本框同时添加的"标签"控件，双击"文本框"控件，打开"属性表"窗格，在窗格中选择"数据"选项卡。

如果要向报表中插入日期，可以单击窗格中的"控件来源"一行，然后向其中输入表达式"=dade()"。

如果要显示时间，可输入表达式 "=Time( )" 或 "=Now( )"。

5.5.5 插入页码

在设计视图中打开报表，在"页眉 / 页脚"组中单击"页码"按钮，弹出"页码"对话框。在对话框中可以设置页码格式、位置、对齐方式以及是否在首页显示页码等。

5.5.6 分页

对报表进行打印输出时，每页输出内容的多少是根据打印纸张的型号和页面设置中的上、下、左、右的边距来确定的。当一页打印完后，会自动将其余内容继续打印在下一页，这是自动分页。

也可以在一页未打完时，人为地将后面的内容打印在新的一页，这种方法称为手工分页。在设计视图中打开报表，单击"设计"选项卡→"控件"组→"插入分页符"按钮。在报表中需要添加分页符的位置单击。这时，添加的分页符会以短虚线的标志显示在报表的左边界上。切换到预览视图下，可以看到分页的效果。

习 题

在"教学管理"数据库中，以"教师"表为数据源，进行如下操作：

1. 用报表向导创建"教师基本信息"报表，要求按"性别"分组，并将记录按教师编号升序排列。

2. 创建名为"教师信息"的报表。

3. 创建图表报表，用于统计教师职称的人数。

4. 使用"图表向导"创建饼状报表图，报表名称为"分类"，分类字段为"职称"。

5. 将报表"分类"作为子报表插入到"教师基本信息"报表中。

6. 使用"标签向导"创建"名片"报表，报表中包括姓名和职称两个字段。

7. 修改"教师信息"报表，在报表的页脚中添加用于显示当前日期和时间的无标签文本框。

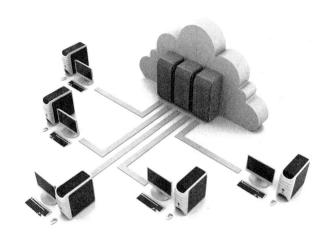

第 **6** 章

宏

在创建新数据库时，通常需要先创建几个数据库对象，如表、窗体和报表。然后，还需要进行一些编程，从而自动执行某些过程并将数据库对象绑定在一起。通过宏可以轻松完成许多在其他软件中必须编写大量程序代码才能完成的工作。

本章主要介绍有关宏的知识，包括宏的概念、宏的类型、创建宏、运行和调试宏的基本方法，以及宏的安全设置等内容。

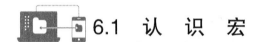 ## 6.1 认 识 宏

在 Access 中，宏是一个重要的对象，它可以自动完成一系列操作。使用宏非常方便，不需要记住语法，也不需要编程，通过执行宏可以完成许多烦琐的人工操作。

6.1.1 宏的概念

宏是由一个或多个操作组成的集合，其中的每个操作都能自动执行，并实现特定的功能。通过直接执行宏或使用包含宏的用户界面可以完成许多复杂的操作，而不需要编写程序代码，使用户更方便、更快捷地操纵 Access 数据库系统。

作为 Access 的六大对象之一，宏和数据表、查询和窗体等一样，有自己独立的名称。用户可以自由组合各式各样的宏，包括引用窗体、显示信息、删除记录、对象控制和数据库打印等强大的功能，宏对象可以定义条件判断式，总之，宏几乎能够完成程序要求的所有功能。

6.1.2 宏的类型

在 Access 中，宏可以是包含操作序列的一个宏，也可以是由若干个宏构成的宏组，还可以使用条件表达式来决定在什么情况下运行宏，以及在运行宏时是否进行某项操作。宏共分为三类：简单宏、宏组和条件宏。

1. 简单宏

简单宏是宏的基本类型，由一条或多条简单操作组成，执行宏时按照操作的顺序逐条执行，直到操作结束为止。

2. 宏组

宏组实际上是一个宏名来存储的相关宏的集合。宏组中的每一个宏都有一个宏的名称，用以标识宏，以便在适当的时候引用宏。这样可以更方便地对数据库中的宏进行管理，对数据库进行管理。宏组中的每一个宏都能独立运行，彼此之间互不影响。

3. 条件宏

条件宏是指通过条件的设置来控制宏的执行。在实际操作中，可以使用宏的条件表达式来控制宏的流程，当条件表达式的结果是 True/False 或"是/否"，当表达式的结果为 True（或"是"）时，宏就开始执行操作。

6.1.3 宏的设计视图

使用宏非常方便，用户不需要编写程序，只需从宏的设计视图中选取所需要的宏命令，设置相关参数，就可以完成许多复杂的操作。

单击"创建"选项卡→"宏与代码"组→"宏"按钮，将进入宏的设计视图，同时出现"操作目录"窗格。图 6.1 所示是宏的初始界面，包括"宏生成器"窗格和"操作目录"窗格两个部分，通过这两个窗格可以创建和修改宏。

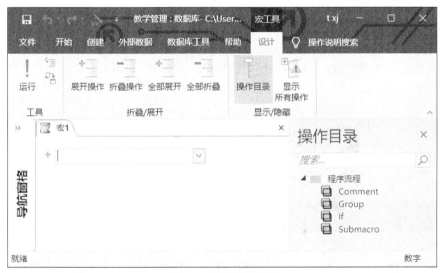

图 6.1 宏的设计视图

1. 宏生成器

宏主要是通过生成器来创建的。在初始打开的宏设计视图窗口中，左侧是"宏生成器"窗格。初始进入"宏生成器"窗格，出现的唯一对象是一个包含宏操作的"添加新操作"下拉列表。单击"添加新操作"下拉按钮，可以从下拉列表中选择相应的宏操作来创建宏。单击"添加新操作"按钮后会弹出图 6.2 所示的部分列表。

"添加新操作"下拉列表显示可用操作的列表，并按字母顺序进行排序。前面 4 项（Comment、Group、If、Submacro）显示在列表顶部，而不是按字母顺序显示，这 4 项实际是程序流程元素，独立于作为操作的列表项。

2. 操作目录

在宏窗口的右侧，可以看到"操作目录"窗格。操作目录中包含大量不同的宏操作，提供了所有可用宏操作的一个目录树视图。"操作目录"窗格中以树形结构分别列出"程序流程""操作"和"在此数据库中"3 个主目录。

1）"程序流程"目录

"程序流程"目录包括 Comment（注释）、Group（分组）、If（条件）和 Submacro（子宏）4 个程序块。其中 Comment 是对宏的整体说明；Group 可以将宏操作根据目的进行分组，使宏的结构更加清晰；If 是指指定执行宏操作之前必须满足的某些标准或限制；Submacro 可用于创建宏组。

2）"操作"目录

在"操作"目录中，把宏的所有操作命令按功能进行了分类，共分为 8 类，分别为"窗口管理""宏命令""筛选 / 查询 / 搜索""数据导入 / 导出""数据库对象""数据输入操作""系统命令""用户界面命令"。每个分类的子目录中都包含对应的宏操作，它与"宏生成器"窗格中提供的宏操作是相同的。

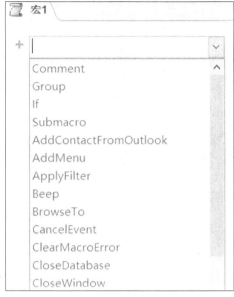

图 6.2 "添加新操作"下拉列表

3）"在此数据库中"目录

在该目录中，系统列出了当前数据库中已存在的宏对象，以方便重复使用这些宏和事件过程代码，并根据已存在的宏的实际情况，列出该宏对象上的报表、窗体等目录。

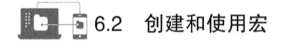

6.2 创建和使用宏

在 Access 2016 中，宏或宏组可以包含在一个宏对象中，宏也可以嵌入到窗体、报表或控件的任何事件属性中。嵌入的宏作为所嵌入到的对象或控件的一部分；独立宏则显示在"导航窗格"的"宏"组中。

宏的创建方法和其他对象的创建方法稍有不同。其他对象都可以通过向导和设计视图进行创建，但是宏不能通过向导创建，只能在设计视图中创建。

6.2.1 创建宏

所谓创建宏，就是在设计视图的"宏生成器"窗格中构建要执行操作的表。

当用户首次打开"宏生成器"时，会显示"添加新操作"和"操作目录"下拉列表。用户可以通过"添加新操作"选择各种操作（图 6.2 所示），也可从列表中选择所需要的操作。如何用户对操作命令非常熟悉，可直接在"添加新操作"文本框中输入所需要的命令。当用户输入操作名时，系统也会自动出现提示。

1. 常用宏命令

Access 提供了几十种操作命令，下面介绍一些常用的命令，如表 6.1 所示。

表 6.1　常用的宏命令

分　类	宏操作	功能说明
数据库对象及查询	OpenTable	在"设计视图""打印预览"或"数据表"视图中打开表
	OpenReport	在"设计视图"或"打印预览"视图中打开报表，或直接打印报表
	OpenForm	在"窗体视图""设计视图"或"打印预览"或"数据表"视图中打开一个窗体
	OpenQuery	在"设计视图""打印预览"或"数据表"视图中打开选择查询或交叉表查询
	SetProperty	设置窗体或报表上控件的属性
系统命令	Beep	通过计算机的扬声器发出"嘟嘟"声，不需要参数
	ClsoeDatabase	关闭当前数据库
用户界面及窗口管理	MessageBox	显示一个包含警告或提示消息的消息框
	MaximizeWindow	放大活动窗口使其填满 Access 窗口
	MinimizeWindow	将活动窗口缩小为 Access 窗口底部的小标题栏
	CloseWindow	关闭指定窗口，若无指定窗口，则关闭激活的窗口

2. 创建简单宏

【例 6.1】在"教学管理"数据库中，创建一个简单宏，运行该宏已创建过的"院系"窗体，并自动地将该窗体最大化。

操作步骤如下：

（1）启动 Access2016，打开"教学管理系统"数据库。

（2）单击在"创建"选项卡→"宏与代码"组→"宏"按钮，打开宏设计视图，并自动创建一个顺序名为"宏 1"的空白宏。

（3）单击"添加新操作"文本框，输入 OpenForm 操作命令；或单击下拉按钮，从下拉列表中选择该命令，按【Enter】键出现该命令对应的参数信息。单击"窗体名称"下拉按钮，从其下拉列表中选择"授课"窗体，如图 6.3 所示。

（4）其他参数保存默认设置即可，此时完成 OpenForm 命令的参数设置，继续单击"添加新操作"文本框，输入 MaximizeWindow 操作命令，该操作无任何参数，如图 6.4 所示。

图 6.3　OpenForm 命令的参数设置

图 6.4　添加 MaximizeWindow 命令

（5）单击"保存"按钮，弹出"另存为"对话框，将宏保存为"打开授课窗体"。

（6）这样就完成了一个独立宏的创建。单击"运行"按钮，执行该宏。将打开"授课"窗体，并自动将窗体最大化，如图 6.5 所示。

（7）在导航窗格中，可以看到"宏"对象组中多了"打开授课窗体"，如图 6.6 所示。

图 6.5　运行宏

图 6.6　导航窗格

6.2.2　创建条件宏

条件宏是指带有条件的宏，即通过设定条件来控制宏的执行。创建条件宏需要用到操作目录中的 If 程序流程。条件宏中的"条件"可以是任何逻辑表达式，运行条件宏时，只有满足了这些条件，才会执行相应的命令。

条件操作宏的创建与普通的宏创建基本相同，仅需要在设计视图中打开操作目录窗格，把 If 拖放到"添加新操作"上面，或在"添加新操作"中选择"If"，在 If 后面的文本框中输入条件表达式。

条件可以在宏的设计视图的"条件"列直接输入，也可以单击右侧的"单击以调用生成器"按钮打开"表达式生成器"对话框进行设置，若相邻两行的条件相同，则下一行中的条件可以用（…）代替。

【例 6.2】创建一个条件宏，判断窗体中的文本框输入是正数、负数还是 0。

（1）启动 Access 2016，打开"教学管理系统"数据库。

（2）首先创建一个窗体。单击"创建"选项卡→"窗体"组→"空白"按钮，打开一个空白窗体的布局视图，向空白窗体中添加一个文本框控件和一个按钮控件。

（3）打开"属性表"窗格，设置文本框控件的"名称"属性为 Text0；按钮控件的"名称"属性为 Command0，"标题"属性为"提交"，设计好的窗体布局视图如图 6.7 所示。

（4）单击快速访问工具栏中的"保存"按钮将窗体保存为"使用条件宏"。

（5）在"属性表"窗格中，从上方的对象列表中选择 Command0 对象，并单击下方的"事件"选项卡。

（6）将光标置于"单击"属性后面的文本框中，该单元格右侧自动出现一个省略号按钮，如图 6.8 所示。单击该按钮，打开图 6.9 所示的"选择生成器"对话框。

（7）在"选择生成器"对话框中，选择"宏生成器"选项。单击"确定"按钮，系统将打开宏的设计视图。

（8）在"操作目录"中，展开"程序流程"目录，双击其中的 If 选项，即可创建一个条件宏，如图 6.10 所示。

图 6.7　窗体的布局视图

图 6.8 设置控件的"单击"属性

图 6.9 "选择生成器"对话框

图 6.10 创建条件宏

（9）在条件宏的 If（条件表达式）文本框中输入条件。本例要判断的是"使用条件宏"窗体中 Text0 文本框中输入的值与 0 的关系，所以需要在此输入"[Forms]![使用条件宏]![Text0]>0"（见图 6.11）。

图 6.11 在"使用条件宏"窗体中输入条件

（10）在条件宏的"添加新操作"下拉列表中选择 MessageBox 命令，添加一个提示对话框，设置 MessageBox 命令的参数如图 6.12 所示。

（11）单击"添加 Else If"超链接，为 If 条件添加一个 Else If 条件宏的"条件表达式"为"[Forms]![使用条件宏]![Text0<0"。并添加另一个 MessageBox 命令，提示输入的是一个负数，如图 6.13 所示。

图 6.12　设置 MessageBox 命令的参数图

图 6.13　添加 Else If 条件宏并添加新操作

（12）单击快速访问工具栏中的"保存"按钮，保存宏的设计。单击"宏工具—设计"选项卡→"关闭"按钮，关闭宏的设计视图，返回窗体的布局视图。

（13）切换到窗体的窗体视图，如图 6.14 所示。在文本框中输入一个数字，然后单击"提交"按钮。系统将调用创建的条件宏，弹出"结果"对话框，如图 6.15 所示。

图 6.14　窗体的窗体视图

图 6.15　"结果"对话框

6.2.3　编辑宏

宏的编辑包括添加宏操作、删除宏操作、更改宏操作顺序、修改宏的操作和参数、添加备注等。编辑宏在宏设计视图窗口中进行。

1. 添加宏操作

（1）打开宏的设计视图。

（2）在"添加新操作"文本框中输入或选择命令。

（3）根据选择的命令要求设置相应的参数。

2. 删除宏操作

（1）打开宏的设计视图。

（2）选择需要删除的宏命令。

（3）单击右侧的"删除"按钮，或者在宏操作上右击，在弹出的快捷菜单中选择"删除"命令，或者选中宏后按 Delete 键。

3. 更改宏操作顺序

（1）打开宏的设计视图。

（2）选择需要改变顺序的宏命令行。

（3）单击右侧的"移动"按钮，或者直接拖动宏，或者按 Ctrl+↑组合键、Ctrl+ 组合键。

4. 添加注释

（1）打开宏的设计视图。

（2）在设计视图中打开"操作目录"窗格，把 Comment 拖放在"添加新操作"上面，或者在"添加新操作"中选择"Comment"选项。

（3）输入注释文本。

6.2.4 运行宏

宏和宏组的运行有多种方式。在运行宏时，Access 将从宏的起点启动，并执行宏中符合条件的所有操作，直至宏组中出现另一个宏或者该宏结束为止。

1. 直接运行宏

单击"运行"按钮，执行宏。

2. 使用 RunMacro 命令从另一个宏中或从 VBA 模块中运行宏

（1）从宏设计视图中，添加一个新操作，从操作列表中选择 RunMacro 命令。

（2）Runmacro 命令的参数设置模板如图 6.16 所示。

（3）在"宏名称"下拉列表中选择要执行的宏，如果执行多次，可以设置"重复次数"和"重复表达式"。

3. 通过"执行宏"对话框运行宏

单击"数据库工具"选项卡→"宏"组→"运行宏"按钮，在弹出的"执行宏"对话框的"宏名称"下拉列表中选择宏名称，单击"确定"按钮，如图 6.17 所示（对于宏组中的每个宏，在"宏名称"列表中都有一个形式为"宏组名 . 宏名"的条目）。

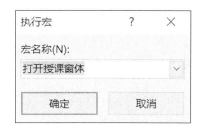

图 6.16　RunMacro 操作参数设置模板　　　　图 6.17　"执行宏"对话框

4. 通过事件触发执行宏

在例 6.2 中，通过单击窗体中的命令按钮控件来触发宏，这是嵌入在窗体、报表或控件中的宏。

事件是在数据库中执行的一种特殊操作，是对象所能识别的动作，当此动作发生于某一个对象上时，其对应的事件便会被触发。例如，单击鼠标，打开窗体或者打印报表，可以创建某一特定事件发生时运行的宏，如果事先已经给这个事件定义了宏或事件程序，此时就会执行宏或事件过程。

事件是预先定义好的活动，也就是说一个对象拥有哪些事件是由系统本身定义的，至于事件被引发后要执行什么内容，则由用户为此事编写的宏或事件过程决定。

将宏与控件或窗体、报表的事件进行绑定的方法如下：

（1）首先创建独立的宏，然后打开窗体或报表的设计视图。

（2）打开"属性表"窗格，选择要绑定的事件的主体（窗体、报表或控件）。在"事件"选项卡中，找到要绑定的事件。

（3）在具体的事件属性右侧的下拉列表中选择已有的宏或宏组。

5. 自动运行宏

Access 可以在每次打开某个数据库时自动运行某个宏，方法是通过使用一个特殊的宏名 AutoExec。要在打开数据库时自动运行宏，只需要将相应的宏重命名为 AutoExec，关闭数据库后，再次打开数据库时，该宏会自动运行。

巧妙使用 AutoExec 宏，能够为程序增添色彩，带来方便。例如，可以设计打开数据库之后自动打开某个窗体或执行某一查询，实现自动化。

6.2.5　调试宏

宏的设计过程中如果没有达到预期的效果，或是在运行的过程中出现错误，就应该对宏进行调试。Access 提供了单步执行宏调试工具。使用单步跟踪执行，可以观察到宏的流程和每一个操作的执行结果。

调试宏的具体操作如下：

（1）打开宏的设计视图。单击"宏工具—设计"选项卡→"工具"组→"单步"按钮，使其处于选中状态，如图 6.18 所示。

图 6.18　单击"单步"按钮

（2）单击"宏工具—设计"选项卡→"工具"组→"运行"按钮，弹出"单步执行宏"对话框，如图 6.19 所示。

（3）单击"单步执行"按钮，将逐步执行当前宏操作。单击"停止所有宏"按钮，则放弃宏命令的执行并关闭对话框；单击"继续"按钮，则关闭"单步执行"状态，直接执行未完成的操作。

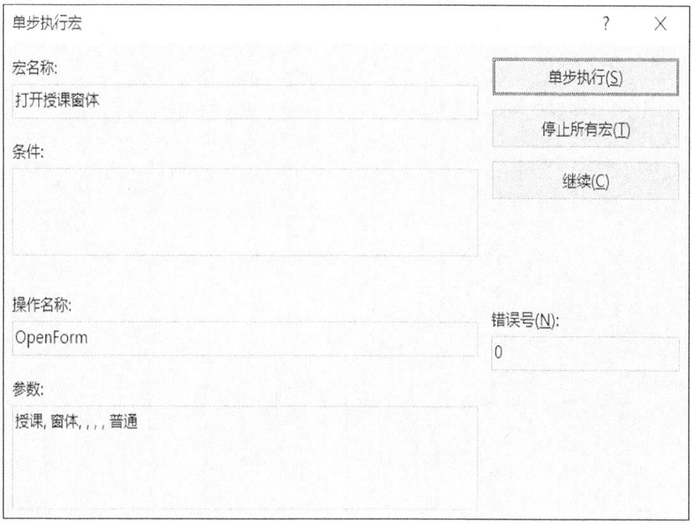

图 6.19 "单步执行宏"对话框

6.3 宏的安全设置

宏的最大用途是使常用的命令自动化。虽然宏只是提供了几十条操作命令，但是有经验的开发者，可以使用 VBA 代码编写出功能更强大的 VBA 宏，这些宏可以在计算机上运行多条命令。所以，宏会存在潜在的安全风险。有图谋的开发者可以通过某个文档引入恶意宏，通过这个宏的运行，有可能在计算机上传播病毒或者窃取用户机密等。因此，安全性是使用宏时必须考虑的因素。

在 Access 中，宏的安全性是通过"信任中心"进行设置和保证的。当用户打开一个文档时，"信任中心"首先要对以下各项进行检查，然后才允许在文档中启用宏。

（1）开发人员是否使用数字签名对这个宏进行了签名。

（2）该数字签名是否有效，是否过期。

（3）与该数字签名关联的证书是否由权威机构颁发的。

（4）对宏进行签名的开发人员是否为受信任的发布者。

只有通过上述 4 项检查的宏，才能在文档中运行。如果"信任中心"检测到以上的任何一项出问题，默认情况下会禁用该宏。同时在 Access 窗口中弹出安全警告消息框，通知用户存在不安全的宏。

6.3.1 信任中心设置

选择"文件"→"选项"命令，弹出"Access 选项"对话框，从左侧的列表中选择"信任中心"选项，如图 6.20 所示。

单击右侧的"信任中心设置"按钮，弹出"信任中心"对话框，选择"宏设置"选项，如图 6.21 所示。

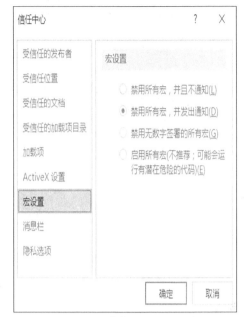

图 6.20 "Access 选项"对话框　　　　图 6.21 "信任中心"对话框

"宏设置"选项卡提供了 4 个级别的宏安全性：

（1）"禁用所有宏，并且不通知"：禁用所有宏和 VBA 代码，并且不提示用户启用它们。

（2）"禁用所有宏，并发出通知"：禁用所有宏和 VBA 代码，但提示用户启用它们。

（3）"禁用无数字签署的所有宏"：针对数字签署的宏验证宏的数字签名的状态。对于未签名的宏，将显示提示，建议用户启用宏或取消数据库。

（4）"启用所有宏（不推荐；可能会运行有潜在危险的代码）"：不会检查宏和 VBA 代码的数字签名，并且不会针对未签名的宏显示警告。

一般情况下，最佳选择是"禁用所有宏，并发出通知"，同时这也是默认选择。

6.3.2 解除阻止的内容

如果"信任中心"检测到任何一项出现问题，就会禁止运行宏。例如，打开某个数据库时，工作窗口会出现"安全警告"消息栏，通知用户部分活动内容已被禁用。这意味着"信任中心"检测到某一项有问题，只有解除安全警告，才能正常运行宏。

当出现安全警告时，宏是无法运行的，这时需要单击消息栏中的"启用内容"按钮，即可解除警告，恢复正常运行。或者单击"部分活动内容已被禁止。单击此处了解详细信息"按钮，在出现的信息界面单击"启用内容"下拉按钮，从其下拉列表中选择"启用所有内容"选项，即可解除阻止的内容。

用这种方法是可以启动该数据库中的宏，但是当数据库关闭重新打开时，Access 将继续阻止该数据库中的宏。要对数据库内容进行完全解除，还需要到"信任中心"对话框中进行设置。

6.4 宏的综合练习

【例 6.3】创建一个窗体，根据选项组的选择打开"教学管理系统"数据库中的 5 张表。

操作步骤如下：

第一步：创建一个包含选项组的窗体，保存为"宏—条件宏窗体"。

（1）单击"创建"选项卡→"窗体"组→"窗体设计"按钮，进入窗体的设计视图。

（2）使"使用控件向导"按钮处于选中状态。单击"选项组"控件，在"窗体主体"节中的合适位置拖动添加选项组控件，将弹出"选项组向导"的第一个对话框。分别设置标签名称为"打开教师信息表""打开学生信息表""打开学院信息表""打开课程信息表""打开成绩表"，如图 6.22 所示。

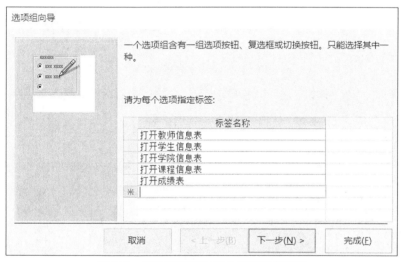

图 6.22 通过选项组向导为选项指定标签

（3）单击"下一步"按钮，进入"选项组向导"的第二个对话框，这里将"打开成绩表"作为默认选项，如图 6.23 所示。

图 6.23 指定"打开学生信息表"为默认选项

（4）单击"下一步"按钮，进入"选项组向导"的第三个对话框，这里使用默认值，即分别为每个选项赋值 2,1,3,4,5，如图 6.24 所示。

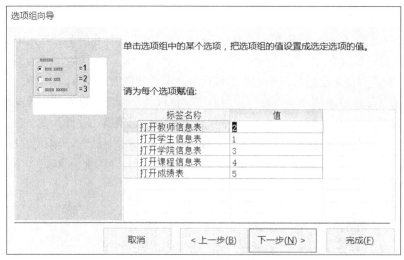

图 6.24 为每个选项赋值

（5）单击"下一步"按钮，进入"选项组向导"的第四个对话框，控件类型为"选项按钮"，如图 6.25 所示。

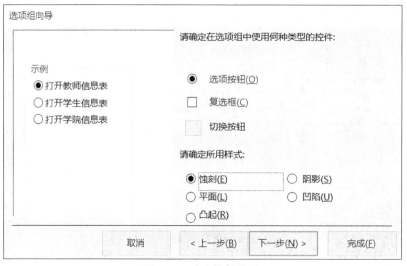

图 6.25 确定控件类型

（6）单击"下一步"按钮，进入"选项组向导"的第五个对话框。为选项组指定标题"打开教学管理数据库表"，如图 6.26 所示。

（7）单击"完成"按钮，将返回窗体设计视图。

（8）单击选项组，单击"选项"控件，打开"属性表"窗格，单击"其他"选项，查看"名称"属性，在属性表的对象名称框中出现 Frame0（若选项组的名称不是 Frame0，需更改选项组名称属性为 Frame0）。

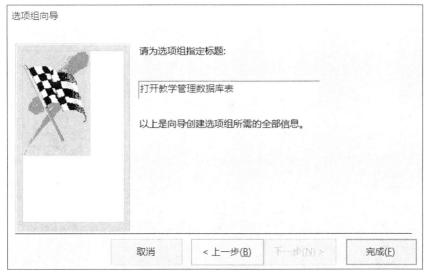

图 6.26　确定选项组标题

第二步：创建条件宏，将宏以"条件宏"为名称保存。

（1）单击"创建"选项卡→"宏与代码"组→"宏"按钮，打开宏生成器。

（2）在添加操作框中选择"If"，输入条件为 "[Forms]![宏—条件宏窗体].[frame0]=1"。

在条件下的"添加新操作"中选择命令"OpenTable"，在表名中选择"学生"表，其余用默认值。

（3）依步骤（2）的方法，添加下一个条件操作，输入条件为 "[Forms]![宏—条件宏窗体].[frame0]=2"。

在条件下的"添加新操作"中选择命令"OpenTable"，在表名中选择"教师"表，其余用默认值。

同样的方法添加其他几个条件操作。添加了条件宏的宏生成器窗口如图 6.27 所示，图中显示的是设置的部分条件宏

（4）将宏以"条件宏"为名称保存，关闭宏返回。

第三步：设置"宏—条件宏窗体"中选项按钮单击的事件代码。

（1）在设计视图中打开"宏—条件宏窗体"。

（2）打开"属性表"窗格，单击"选项组"控件，在"属性表"窗格的对象名称框中出现Frame( )。

（3）在"属性表"窗格中选择"事件"选项卡，选择"单击"事件，在"单击"事件后的下拉列表中选择"条件宏"，如图 6.28 所示。

（4）保存窗体，切换到窗体的窗体视图，单击各个选项按钮，将打开相应的表。

图 6.27　条件宏设置的部分命令

图 6.28　设置窗体的选项组单击事件

习　　题

1. 运用查询、窗体和宏来创建一个用于查询指定学生的成绩的窗体。
2. 什么是宏？常见的宏有哪些类型？
3. 如何在宏中设置参数？
4. 简述如何调用宏。

第7章
模块与 VBA

绝大多数 Access 开发者都时常用到宏。尽管宏提供了一种简捷的方式来自动执行应用程序，但是，若要创建应用程序，最佳的方式还是编写 Visual Basic for Applications（VBA）模块。VBA 提供了数据访问、循环和分支以及其他一些宏不支持的功能，或者至少在使用宏时无法提供大多数开发人员所需的灵活性。

本章主要介绍模块与 VBA 程序设计相关的知识。

7.1　认　识　VBA

在学习模块之前，需要先了解一些什么是 VBA，以及 VBA 与模块之间的一些关系和基本概念。

7.1.1　VBA 的概念

VB（Visual Basic）是一种面向对象的程序设计语言，Microsoft 公司将其引入到了其他常用的应用程序中。例如，在 Office 的成员 Word、Excel、PowerPoint、Access 和 Outlook 中，这种内置在应用程序中的 Visual Basic 版本称为 Visual Basic for Application（VBA）。

VBA 是 VB 的子集，是 Microsoft Office 系列软件的内置编程语言，是新一代标准宏语言。其语法结构与 Visual Basic 编程语言互相兼容，采用的是面向对象的编程机制和可视化的编程环境。VBA 可被所有的 Microsoft 可编程应用软件共享。与传统的宏语言相比，VBA 提供了面向对象的程序设计方法，提供了相当完整的程序设计语言。

1. 宏和 VBA

宏也是一张程序，只是宏的控制方式比较简单，只能使用 Access 提供的命令，而 VBA 则需要开发者自行编写。

宏和 VBA 都可以实现操作的自动化。但是，在应用过程中，是使用宏还是使用 VBA，需要根据实际需求来确定。对于简单的操作，如打开或关闭窗体、打印报表等，使用宏是很方便的，它可以迅速地将已经创建的数据库对象联系在一起。而对于比较复杂的操作，如数据库维护、使用内置函数或自行创建函数、处理错误消息、创建或处理对象、执行系统级的操作，一次处理多条记录等，应当使用 VBA 进行编程。

2. 宏转换为 VBA

宏对象的执行效率较低，可以将宏对象转换为 VBA 程序模块，以提高代码的执行效率。下面介绍一种快速的转换方法，操作步骤如下：

（1）打开需要转换的宏对象的设计视图。

（2）选择"文件"→"对象另存为"命令，弹出"另存为"对话框，指定"保存类型"为"模块"，并为 VBA 模块命名即可，如图 7.1 所示。

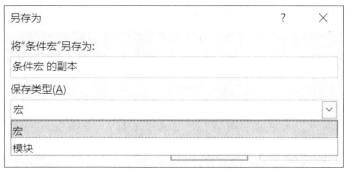

图 7.1 "另存为"对话框

7.1.2 模块

模块是存储用户编写的 VBA 代码的容器。具体而言，模块是由 VBA 通用声明和一个或多个过程组成的集合。过程是能实现特定功能的一段程序。

具体地说，模块就是由 VBA 通用声明和一个或多个过程组成的集合。通用声明部分主要包括 Option 语句声明、变量、常量或自定义类型的声明。

模块中可以使用的 Option 语句如下：

（1）Option Base 1：设置模块中的数组下标的默认下界值为 1，不声明则为 0。

（2）Option Compare Database：在模块中，当进行字符串比较时，将根据数据库的区域 ID 确定的排序级别进行比较；不声明则按 ASCII 码进行比较。

（3）Option Explicit：用于强制模块中使用到的变量必须先声明。

Access 有两种类型模块：标准模块和类模块。

1. 标准模块

标准模块也被称为全局模块，可用于以过程的形式保存代码，可用于程序的任何地方。

标准模块一般用于存放供其他 Access 数据库对象使用的公共过程，它不从属于窗体、报表等数据库中的其他对象，在系统中以独立的对象存在。标准模块通常用于存放公共变量或公共过程，以供类模块中的过程调用，但在标准模块内部也可以定义仅供本模块内部使用的私有变量和私有过程。

2. 类模块

类模块是可以包含新对象的定义的模块，一个类的每个实例都新建一个对象。在模块中定义的过程为该对象的属性和方法。Access 2016 中的类模块可以独立存在，也可以与窗体和报表同时出现。所以，可以将类模块分为以下 3 类：

（1）自定义模块。用这类模块能创建自定义对象，可以为这些对象定义属性、方法和事件，也可以用 New 关键字创建窗体对象实例。

（2）窗体类模块。该模块中包含在指定的窗体或其控件上事件发生时触发的所有事件过程的代码。这些过程用于响应窗体的事件，实现窗体的行为动作，从而完成用户的操作。

（3）报表类模块。该模块中包含在指定报表或其控件上发生的事件触发的所有事件过程的代码。

窗体和报表模块都各自与某一窗体或报表相关联。

3. 标准模块和类模块的区别

（1）存储数据的方法不同。标准模块中公共变量的值改变后，后面的代码调用该变量时将得到改变后的值。类模块可以有效地封装任何类型的代码，起到容器作用，包含的数据是相对于类的实例对象而独立存在的。

（2）标准模块中的数据存在于程序的存活期中，将在程序的作用域内存在。类模块实例中的数据只存在于对象的存活期，随对象的创建而创建，随对象的消失而消失。

（3）标准模块中的 public 变量在程序的任何地方都是可用的，类模块中的 public 变量只能在应用该类模块的实例对象时才能被访问。

7.1.3　创建和运行模块

过程是模块的单元组成，由 VBA 代码编写而成。过程分为两种类型：Sub 子过程和 Function 函数过程。一个模块包含一个声明区域时用来声明模块使用的变量等项目。

1. 创建模块

【例 7.1】创建一个简单的 HelloWorld 程序。

（1）启动 Access 2016，打开"教学管理系统"数据库。

（2）单击"创建"选项卡→"宏与代码"组→"模块"按钮，系统将默认创建一个"模块 1"，并打开 Microsoft Visual Basic for Application 编辑器，如图 7.2 所示。如果想要自动建立一个模块定义窗口，需要在 7.2 所示的 VBA 编辑器中选择"插入"→"模块"命令。

图 7.2　Microsoft Visual Basic for Application 编辑器

（3）在 VBA 编辑器的代码窗口的 Option Compare Database 代码的下方输入如下代码：

```
Sub HelloWorld()
MsgBox prompt:="Hello World, 欢迎使用 Access 2016!"
End Sub
```

类模块的创建方法同上，选择"插入"→"类模块"命令即可。

2. 运行模块

运行模块的方法很简单，只需要在 VBA 编辑器中按 F5 键，或者单击工具栏中的"运行子过程"按钮；或者选择"运行"→"运行子程序"命令，如图 7.3 所示。图 7.4 所示为所创建的 HelloWorld 模块的运行结果。

图 7.3 选择"运行子程序"命令

图 7.4 HelloWorld 模块的运行结果

7.2 VBA 编程基础

VBA 作为一种编程语言，要学会使用它，必须了解 VBA 语言的构成元素和语言规则。在 VBA 中，一个程序包括语句、变量、运算符、函数、数据库对象和事件等基本要素。

7.2.1 VBA 的编程环境

Office 中的 VBA 开发环境为 VBE（Visual Basic Editor），它以微软 Visual Basic 编程环境的布局为基础，提供了集成的 VBA 开发环境，Access 的标准模块和类模块都需要在 VBE 中创建和编辑。

进入 VBE 的方法大致可划分为两类：一类是从数据库窗口打开 VBE；一类是从报表或窗体的设计视图中打开 VBE。

1.　从数据库窗口中打开 VBE 的方法

（1）单击"数据库工具"选项卡→"宏"组→"Visual Basic"按钮。

（2）单击"创建"选项卡→"宏与代码"组→"Visual Basic"按钮（同"模块"和"类模块"按钮都可以打开）。

（3）按 Alt+F11 组合键。

（4）在导航窗格中找到"模块"对象，双击要编辑的模块。

2.　从报表或窗体的设计视图中打开 VBE 的方法

（1）打开窗体或报表的设计视图，然后在需要编写代码的控件上右击，从弹出的快捷菜单中选择"事件生成器"命令，弹出"选择生成器"对话框，选择"代码生成器"选项，单击"确定"按钮。

（2）打开窗体或报表的设计视图，单击"设计"选项卡→"工具"组→"查看代码"按钮，即可打开 VBE 运行环境。

（3）打开窗体或报表的设计视图，选中需要编写代码的控件，在右侧"属性表"窗格中选择"事件"选项卡，在要编写的事件后面单击带有…的按钮，弹出"选择生成器"对话框，选择"代码生成器"选项，单击"确定"按钮，进入 VBE 运行环境。

VBE 的运行环境见图 7.2，主要由常用工具栏和多个子窗口组成：

1）VBE 菜单及其功能

VBE 菜单及其功能如表 7.1 所示。

表 7.1　VBE 菜单及其功能

菜　单	功　能　说　明
文件	文件的保存、导入、导出等基本操作
编辑	各种编辑相关命令
视图	控制 VBE 的视图
插入	进行过程、模块、类和文件的插入
调试	调试程序的基本命令，包括监视、设置断点等
运行	运行程序的基本命令，如运行、中断等命令
工具	管理 VB 的类库等的引用、宏以及 VBE 编辑器的选项
外接程序	管理外接程序
窗口	设置各个窗口的显示方式
帮助	用来获得 Microsoft Visual Basic 的链接帮助和网络帮助资源

2）VBE 工具栏

VBE 工具栏如图 7.5 所示。

文件(F)　编辑(E)　视图(V)　插入(I)　调试(D)　运行(R)　工具(T)　外接程序(A)　窗口(W)　帮助(H)

行 4, 列 1

图 7.5　VBE 工具栏

VBE 工具栏主要包括"编辑""标准""调试""用户窗体""自定义"。图 7.5 所示的是"标准"工具栏，可以通过"视图"菜单中的"工具栏"命令显示或隐藏工具栏中的按钮，具体功能如表 7.2 所示。

表 7.2　标准工具栏的按钮及功能

按钮	按钮名称	功能说明
	视图 Microsoft Access 按钮	切换到 Access 2016 窗口（也可以通过 Alt+F11 组合键在 VBA 和 Access 2016 之间来回切换）
	插入按钮	单击该按钮右侧箭头，在下拉列表中有"模块""类模块"和"过程"3 个选项，选择其中一项创建对应新模块
▷	运行子过程 / 用户窗体按钮	运行模块中的程序
Ⅱ	中断按钮	中断正在运行的程序
▣	重新设置按钮	结束正在运行的程序
		在设计模式和非设计模式之间切换
		打开工程资源管理器
		打开属性表窗口
		打开对象浏览器

3）VBE 窗口

VBE 界面中根据不同的对象，设置了不同的窗口，用户可以通过"视图"菜单中的相应命令来调出相应的子窗口。VBA 编辑器中主要的窗口包括代码窗口、立即窗口、本地窗口和对象浏览窗口、工程资源管理器、属性窗口、监视窗口和工具箱等。

（1）代码窗口。在 VBE 环境中，可以使用代码窗口来显示代码或编辑代码。打开各模块的代码窗口后，可以查看和编辑不同窗体或模块中的代码。选择"视图"→"代码窗口"命令可打开。

代码窗口左上角的下拉列表为"对象"框，用来显示对象的名称：右边是"过程 / 事件"框，用来列出窗体或对象所含控件中的所有 Visual Basic 的事件。选择一个事件，则与事件相关的事件过程都会显示在代码窗口中。如果"对象"框中显示的是"通用"选项，则"过程 / 事件"列表框会列出所有模块中的常规过程（以第 6 章使用条件宏代码所示，如图 7.6 所示）。

图 7.6　"对象"框中现象不同对比图

（2）对象浏览器。用于显示对象库以及工程的过程可用的类、属性、方法、事件和常用变量。选择"视图"→"对象浏览器"命令，可打开"对象浏览器"窗口，如图 7.7 所示。

图 7.7 "对象浏览器"窗口

（3）工程资源管理器。是 VBA 编辑器汇总用以显示 VBA 项目成员的窗口。VBA 项目成员是指与用户文档相关的自定义窗体（Form）、模块（Modules）和 Office 对象等。工程资源管理器显示的是与用户在 Office 中打开的每一个文档相关的 VBA 项目。

选择"视图"→"工程资源管理器"命令，可打开工程资源管理器窗口，如图 7.8 所示。

（4）属性窗口。通过属性窗口可以查看和设置对象的属性。选择"视图"→"属性窗口"命令，打开属性窗口。在属性窗口中，只显示与选择的对象相关的属性。属性窗口分为左右两个部分，与当前对象相关的属性显示在左半部分，对应的属性值显示在右半部分。

（5）立即窗口、本地窗口和监视窗口。在 VBA 中，由于在编写代码的过程中会出现各种各样的问题，所

图 7.8 工程资源管理器窗口

以编写的代码很难一次性通过并正确地实现既定的功能。为解决这个问题，就需要一个专用的调试工具帮助开发者快速找到程序中的问题。VBA 开发环境中，本地窗口、立即窗口和监视窗口就是专门用来调试 VBA 的。

立即窗口在中断模式时会自动打开，且内容是空的，用户可以在窗口中输入或粘贴一行代码，然后按 Enter 键来执行代码。

本地窗口可自动显示出所有当前的变量声明和变量值。如果本地窗口可见，则每当从执行方式切换或是操纵堆栈的变量时，它就会自动地重建显示。

监视窗口在调试 VBA 的程序时，此窗口将显示正在运行过程中的监视表达式的值。当工程有监视表达式的定义时，会自动出现监视窗口（见图 7.9）。如果要添加监视表达式，可以在监视窗口中右击，从弹出的快捷菜单中选择"添加监视"命令，弹出图 7.10 所示的"添加监视"对话框。在该对话框中输入要监视的表达式，可以在监视窗口中进行查看。

图 7.9　监视窗口　　　　　　　　　　图 7.10　"添加监视"对话框

7.2.2　数据类型

Access 数据表中的字段使用的数据类型（OLE 对象和备注字段数据类型除外）在 VBA 中都有对应的类型。VBA 提供了较完备的数据类型，VBA 中的数据类型、数据标识、类型声明字符、取值范围和默认值如表 7.3 所示。

表 7.3　VBA 基本数据类型

数据类型	类型标识	类型声明字符	取值范围	默认值
字节	Byte		0 ～ 255	0
整数	Integer	%	−32767 ～ 32767	0
长整数	Long	&	−2147483648 ～ 2147483647	0
单精度数	Single	!	负数：−3.402823E38 ～ −1.401298E-45 正数：1.401298E-45 ～ 3.402823E38	0
双精度数	Double	#	负数：−1.79769313486232E308 ～ −4.9465645841247E-324 正数：4.9465645841247E-324 ～ 1.79769313486232E308	0
货币	Currency	@	−922337203685477.5808 ～ 922337203685477.5807	0
字符串	String	$	0 ～ 65500 个字符	""
布尔型	Boolean		True or False	FALSE
日期型	Date		100 年 1 月 1 日 ～ 9999 年 12 月 31 日	0
对象型	Object			Empty
变体类型	Variant		数字和双精度同；文本和字符串同	Empty

1.　字符串型

字符串类型是用来存储字符串数据的，它是一个字符序列，由字符、数字、符号和文字等组成。在 VBA 中，字符串类型分为定长字符串和变长字符串两类。定义字符串，需要用 "" 把字符串括起来。同时，双引号并不算在字符串中。例如，"abceg"、"" 等都表示字符串。其定义方法是：

```
Dim strl as String
```

2.　数值型数据

数值型数据是可以进行数学计算的数据。在 VBA 中，数值型数据分为字节、整型、长整型、单精度浮点型和双精度浮点型。其中，整型和长整型数据是不带小数点和指数符号的数。例如：123、−123、100% 等表示整型数据，123&、−123& 等表示长整型数据。

在 VBA 中，定义整型数据变量有两种方法：一种是直接使用 Integer 关键字，类似上面字符串变量定义的方法；还有一种是直接在变量的后面加 %。

3. 日期型

日期型用来表示日期和时间信息，按 8 字节的浮点数来存储。日期型数据的整数部分被存储为日期值，小数部分被存储为时间值。用户定义时，需要用 # 号把日期和时间括起来。例如：#2019/03/10 可以表示日期型数据。其定义方法是：

```
Dim aa as Date
```

在 Access 中，系统提供了现成的调用系统时间的函数，用户可以使用 Now() 函数提取当前的日期时间，使用 Date() 函数提取当前日期，使用 Time() 函数提取当前时间。

4. 货币型

货币型是为了表示钱款而设置的。该类型数据以 8 字节进行存储，并精确到小数点后 4 位，小数点前有 15 位，小数点后 4 位以后的数字都将被舍去。其定义方法是：

```
Dim cost as Currency
```

5. 布尔型

布尔型是用来进行逻辑判断的，其值为逻辑值，用 2 个字节进行存储。布尔型数据只有 True（真）或 False（假）两个值。其定义方法是：

```
Dim c as Boolean
```

6. 变体型

当用户在编写 VBA 时，若没有定义某个变量的数据类型，那么系统会自动将这个变量定义为变体型，在以后调用这个变量时，它可以根据需要改变为不同的数据类型。

变体型是一种特殊的数据类型，除了定长字符串型和用户自定义类型之外，它可以包含任何种类的数据，甚至包含 Empty、Error、Nothing 及 Null 等特殊值。

7. 自定义数据类型

除了上述系统提供的基本数据类型外，在 VBA 中，用户还可以自定义数据类型。自定义的数据类型实质上是由基本数据类型构建而成的一种数据类型。其定义方式是：

```
Type 数据类型名（元素名）as 系统数据类型名
```

7.2.3　常量、变量和数组

VBA 代码中使用常量、变量或数组来临时存储数值、计算结果或操作数据库中的对象。

在定义变量、常量和数组时，需要为它们指定各自的名称，以方便程序调用。在 VBA 中，变量、常量和数组的命名规则如下：

（1）在程序中使用变量名必须以字母字符开头。

（2）名称的长度不能超过 255 个字符。

（3）不能在名称中使用空格、句点（.）、惊叹号（!）或 @、&、$、# 等字符。

（4）名称不能与 Visual Basic 保留字相同。

（5）不能在同一过程中声明两个相同名称的变量。

（6）名称不区分大小写，如 VarA、Vara 和 varA 是同一变量。

1. 常量

在计算机程序中，常量用来存储固定不变的数值。它和变量是对应的，变量的值在程序运行过程中允许变化，而常量的值却是不变的。常量的使用可以增加代码的可读性，并且使代码更加容易维护。

在 VBA 中，一般有以下 3 种常量：

（1）符号常量。符号常量经常用来代表在代码中反复使用的相同的值，或者代表一些具有特点意义的数字或字符串。创建符号常量时需要声明的常量，在程序运行过程中对符号常量只能进行读取操作，而不允许修改或为其重新赋值，也不允许创建与固有常量同名的符号常量。

用户可以通过 Const 语句来声明自定义的常量，使用 Const 语句定义常量的语法格式如下：

```
[Public/Private]Const 常量名 = 常量表达式
```

例如，用 Const 定义一个符号常量 PI，Public const PI=3.14159。

通过这个定义，Public 用来表示这个常量的作用范围是整个程序中的所有过程。如果用 Private 代替它，则这个常量只能用于定义这个变量的过程中。

符号常量定义时不需要为常量指明数据类型，VBA 会自动按存储效率最高的方式来确定其数据类型。符号常量一般要求用大写命名，以便与变量区分。

（2）固有常量。Access 内部还声明了许多固有常量，包括 VBA 常量和 ActiveX Data Objects（ADO）常量。所有的固有常量都可在宏或 VBA 中使用。任何时候这些常量都是可用的。固有常量有两个字母前缀，指明了定义该常量的对象库。来自 Access 库的常量以 "ac" 开头，来自 ADO 库的常量以 "ad" 开头，而来自 Visual Basic 库的常量则以 "vb" 开头，如 acForm、adAddNew、vbCurrency。

（3）系统定义常量。只有 3 个（True、False 和 Null）。系统定义的常量可以在计算机上的所有应用程序中使用。

2. 变量

变量实际上是一个符号地址，它代表一个命名的存储位置，包含在程序执行过程中可以修改的数据，可以将变量直观理解为在内存中保存数据的容器。每个变量都有变量名，在其作用域范围内可唯一识别。使用前可以指定数据类型（采用显式声明）。

（1）显式声明变量。显式声明是指用 Dim、Private、Public、Static 语句来定义变量的数据类型。显式声明变量有两个功能，指定变量的数据类型和指定变量的适用范围。VBA 应用程序并不要求在过程中使用变量以前明确地进行声明。如果使用一个没有明确声明的变量，Visual Basic 会默认地将它声明为 Variant 数据类型。

显示声明变量表示在使用变量之前要先进行声明，虽然可以在代码的任意位置声明变量，但最好在程序的开始位置声明所有变量。显式声明可以使用 Dim 语句或类型声明字符声明变量。Dim 语句的语法如下：

```
Dim 变量名 [As 数据类型]
```

其中的 [As 数据类型] 为可选项。例如，声明字符串变量 Couny：

```
Dim Couny As String
```

变量声明之后，就可以通过表达式给它赋值，例如，Country=" 中国 "。

还可以在同一行内声明多个变量，但两个同类型的变量声明不能省略类型写在一起。

（2）隐式声明变量。使用类型声明字符声明变量。

VBA 允许使用类型声明字符（见表 7.3）声明变量，类型声明字符放在变量末尾。例如，intX%=10 给整型变量赋值 10。其中 intX% 表示 intX 是一个整型变量，在隐式声明的同时给变量进行赋值。

虽然隐式声明使用方便，但可能会在程序代码中导致严重的错误。因此，使用前声明变量是一个好习惯。

3. 数组

数组是用相同的名称保存的一组有序的数据的集合，一般情况下该集合中数据元素的数据类型是相同的，可以用一个数组来表示一组具有相同数据类型的值。数组本质上是一些变量的集合。数组可以存储很多值，而常规的变量只能存储一个值。定义了数组之后，可以引用整个数组，也可以只引用数组的个别元素。

数组的声明方式和其他变量的声明方式是一样的，但 VBA 中不允许隐式说明数组，它可以使用 Dim、Static、Private 或 Public 语句来声明。其语法格式如下：

```
Dim 数组名（[ 下标下界 to ] 下标上界)[As 数据类型]
```

如果声明了数组的数据类型，则数组中的所有元素必须赋予相同的或可以转换的数据类型。As 选项缺省时，数组中各元素为变体数据类型。

默认情况下，如果数组声明中默认了 [下标下界 to]，则数组下标下界的索引从 0 开始，数组是否从 0 或 1 开始索引可以根据 Option Base 语句的设置进行设定。如果 Option Base 指定为 1，则数组索引从 1 开始，反之则从 0 开始。也可以使用 to 子句对索引值的范围进行设定。例如：

```
Dim Week(6) As Date
Dim Array2(1 to 5,1to 10) As Integer
Dim Array3(-5 to 5) As String
```

上面的语句声明了 3 个数组，其中 Week 是大学为 7 的数组（一维数组），Array2 是一个大小为 5×10 的二维数组，而 Array3 是大小为 11 的数组。

7.2.4　运算符和表达式

运算符是代表某种运算功能的符号，它表明所要进行的运算。表达式是由常量、变量、运算符和圆括号等组成的式子，通过运算后有一个明确的结果。

1. 算术运算符合

算术运算符是最基本的运算符，用于对两个或多个数字进行计算。常见的算术运算符如表 7.4 所示。

表 7.4　算术运算符

运算符	作　用	示　例	结　果
+	加法运算	1+2	3
-	减法运算	3-1	2
*	乘法运算	2*4	8
/	除法运算	6/3	2
∧	求幂运算	3∧3	27
\	整除运算	10\3	3
Mod	求模（取余）运算	10 Mod 3	1

在 VBA 窗口中，选择"视图"→"立即窗口"命令，如图 7.11 所示。用户可以在立即窗口验证运算符的使用效果。例如，在窗口输入表达式 a=5/2 及 print a，运算结果如图 7.12 所示。

图 7.11　选择"立即窗口"命令

图 7.12　验证算术运算符

2. 比较运算符

比较运算符也被称为关系运算符，表示对两个值或表达式进行比较。使用比较运算符勾搭的表达式总会返回一个逻辑值（True OR False）或 Null（空值或未知）。在 VBA 中提供了 8 种比较运算符，如表 7.5 所示。

表 7.5　比较运算符

运算符	含　义	示　例	结　果
=	等于	1=2	False
<> 或！=	不等于	2<>3	True
>	大于	5>9	False
>=	大于等于	"A">"a"	False
<	小于	2<3	True
<=	小于等于	6<=5	False
Like	比较样式		
Is	比较对象变量		

说明：

（1）数值型数据按其值的大小进行比较。

（2）日期型数据将日期看成 yyyymmdd 的 8 位整数，按数值大小进行比较。

（3）汉字按区位码顺序进行比较。

（4）字符型数据按其 ASCII 码值进行比较。

Is 和 Like 运算符有特定的比较功能。Is 运算符比较两个对象变量，如果变量 object1 和 object2 两者引用相同的对象，则为 True；否则为 False。Like 运算符是把一个字符串表达式与一个给定模式进行匹配，如果字符串 string 与模式表达式 pattern 匹配，则运算结果为 True；如果不匹配，则为 False。

3. 字符串连接运算符

用于连接字符串的运算符称为连接运算符，VBA 中提供了两个连接运算符：& 和 +，如表 7.6 所示。

表 7.6　字符串连接运算符

连接运算符	作　用	结　果
+	" 你 "+" 好 "	你好
&	"VBA"& 6	VBA6

说明：+ 和 & 的作用虽然相同，但有些情况下，使用 & 比使用 + 可能更安全。

4. 逻辑运算符

逻辑运算符又称布尔运算符，用作逻辑表达式之间的逻辑操作，结果是一个布尔类型的量。VBA 中的逻辑运算符如表 7.7 所示。

表 7.7　逻辑运算符

运算符	名　称	含　义
Not	非	取反，真变假，假变真
And	与	两个表达式同时为真，结果为真，否则为假
Or	或	两个表达式中有一个表达式为真，则结果为真，否则为假
Xor	异或	两个表达式同时为真或同时为假，则值为假，否则为真
Eqv	等价	两个表达式同时为真或同时为假，则值为真，否则为假
Imp	蕴涵	当第一个表达式为真，第二个表达式为假时，值为假，否则为真

5. 对象运算符

引用了对象或对象属性的表达式称为对象表达式，对象运算符有"！"和"．"两种。

（1）"！"运算符：用于指出随后为用户定义的内容。使用它可以引用一个开启的窗体、报表，或开启窗体或报表上的控件。

（2）"．"运算符：用于引用窗体、报表或控件等对象的属性。

6. 运算符的优先级

在一个运算表达式中，如果含有多种不同类型的运算符，则运算进行的先后顺序由运算符的优先级决定。运算符的优先级按以下规则处理：

（1）不同类型运算符的优先级：算术运算符 > 连接运算符 > 比较运算符 > 逻辑运算符。

（2）所有比较运算符的优先级相同，如果表达式中有多个比较运算符，按从左到右的顺序处理。

（3）算术运算符按照表 7.4 所列的由高到低的顺序处理。

（4）括号优先级最高，可以用括号改变优先顺序，强制表达式的某些部分优先进行运算。

7.2.5　VBA 语句

VBA 语句是由各种变量、常量、运算符和函数等连接在一起，能够完成特定功能的代码块。它是整个程序中非常重要的组成部分。在 VBA 中，程序语句可分为以下 3 种：

（1）声明语句。在 VBA 中，用户通过声明语句来命名和定义常量、变量、数组、过程等，并通过定义的位置和使用的关键字来决定这些内容的生命周期和作用范围。

例如：

```
Sub test( )
Dim sname AS String
Const sprice As Single=2.3
End sub
```

这组代码包含 3 条声明语句：Sub 语句声明了一个名为"test"的过程，当 test 过程被调用或运行时，Sub 和 End Sub 语句之间包含的语句将被执行。Dim 语句声明了名为"lname"的变量，而 Const 语句声明了一个常量。

（2）赋值语句。可以将特定的值或表达式赋给常量或变量等。其语法格式为：

```
<变量名>=<表达式>
```

说明：在赋值语句中，左右两边类型相同时，赋值运算符等同于等号；如果变量未被赋值而直接引用，则数值型变量的值默认为 0，字符型变量的值默认为空串，逻辑型变量的值默认为 False。

（3）注释语句。在程序执行时，注释文本会被忽略。Visual Basic 的注释行可由单引号（'）或 Rem 加空格开始。如果在程序语句的同一行加入注释，必须在语句后加一个省略号，然后加入注释文本。在 Visual Basic 编辑环境下，注释部分会以绿色文本显示。

7.3 VBA 高级程序设计

一个完整的程序是由若干条语句构成的，一条语句就是一个操作命令，按功能的不同，可以将语句分为两类：一类是声明语句，用于定义变量、常量或过程；另一类是执行语句，用于执行赋值操作，调用过程实现，实现各种流程控制。

流程控制就是对各种语句的巧妙运用，以达到顺畅的程序运行效果。VBA 的流程控制和其他编程语言的流程控制是一致的，执行语句可以构成以下 3 种结构：

（1）顺序结构（简单结构）：按照语句的先后顺序执行。

（2）选择结构（条件结构）：根据条件选择执行不同的程序分支。

（3）循环结构：根据某个条件重复执行某一段程序语句。

本节内容将介绍 VBA 编程的高级技巧，包括流程控制语句、过程和函数以及 VBA 程序的调试。

7.3.1 选择结构

选择结构又被称为分支结构或条件结构，该结构中通常包含一个条件判读语句，根据语句中条件表达式的结果执行相应满足条件的代码，从而控制整个流程。

共有两种形式的选择结构：If 语句和 Select Case 语句。

1. If 语句

If 语句是 VBA 中最常见的分支语句，具体结构和用法如下：

1）If...then...else 语句

语法格式如下：

```
If <表达式> Then
    <语句组 1>
    [Else
            <语句组 2>]
        End If
```

如果"表达式"的值为真，则执行语句组 1；否则执行语句组 2。当语句组执行结束后，程序流程会跳转执行"End If"后面的语句。如果不设计 Else 部分，则 Else 可以省略。If 语句块执行到 End If 结束。

【例 7.2】编写程序，从键盘上输入一个数 X，如 X ≥ 0，输出它的算术平方根；如果 X<0，输出它的平方值。

操作步骤如下：

（1）单击"创建"→"宏与代码"→"模块"按钮，打开 VBE 窗口。

（2）在代码窗口中添加"Prm1"子过程并在窗口中输入代码，如图 7.13 所示。

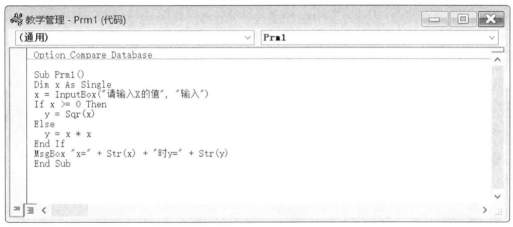

图 7.13　If...Then 语句示例

（3）单击"保存"按钮，保存模块 M1。

2）If...then...ElseIf...else 语句

语法格式如下：

```
If <表达式 1> Then
    <语句组 1>
ElseIf <表达式 2> Then
    <语句组 2>
    …
    [Else
    <语句组 n+1>]
    End If
```

如果要从 3 种或 3 种以上的条件中选择一种，则要使用上述这种格式。它表示如果"表达式 1"

条件满足，就执行"语句组 1"的语句；否则，再判断"表达式 2"的条件，为真时执行 Then 后面的语句。依此类推，若"表达式 1"到"表达式 n"的条件都不满足时，执行 Else 下面的语句，如果还是不满足，则跳出 If 语句，执行 End If 后面的语句。

【例 7.3】使用选择结构程序设计方法，编写一个子过程，从键盘上输入成绩 X（0 ~ 100），X ≥ 85 且 X ≤ 100 时输出"优秀"，X ≥ 70 且 X<85 时输出"通过"，X ≥ 60 且 X<70 时输出"及格"，X<60 时输出"不及格"。

操作代码如图 7.14 所示。

图 7.14　If...then...Elself...else 语句示例

3）IIf 函数

IIf 函数是 If 语句的一种特殊格式，可以用简短的方式根据判断结果来返回两个可选结果中的一个。语法格式如下：

```
IIf（表达式 1，表达式 2，表达式 3）
```

作用：先判断"表达式 1"，如果条件满足，则返回"表达式 2"的值，否则返回"表达式 3"的值。

2. Select Case 语句

语法格式如下：

```
Select Case <表达式>
    Case <表达式 1>
        <语句组 1>
    Case <表达式 2>
        <语句组 2>
    …
    [Case Else
        <语句组 n+1>]
End Select
```

运行 Select Case 结构时，首先计算"表达式 1"的值，它可以是字符串或者数值变量或表达式。然后依次计算测试每个 Case 表达式的值，直到值匹配成功，程序会转入执行相应的 Case 表达式后的语句。

【例 7.4】编写一个子过程，从键盘上输入一个字符，判断输入的是大写字母、小写字母、数字还是其他特殊字符。

操作代码如图 7.15 所示。

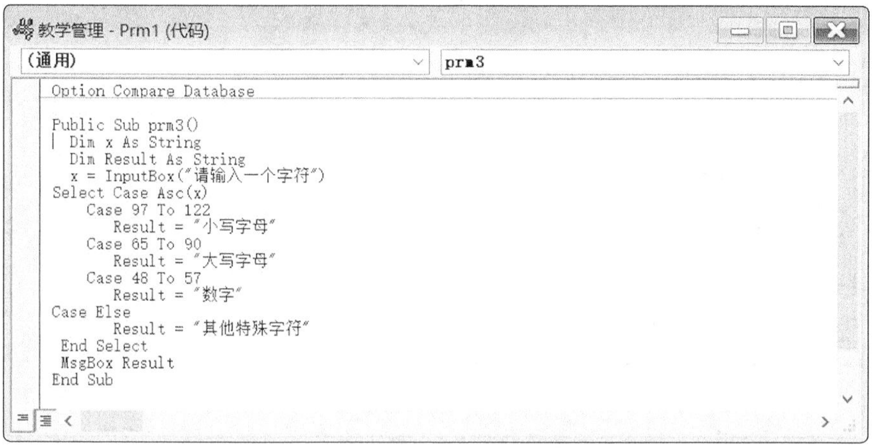

图 7.15　Select Case 语句示例

7.3.2　循环结构

在顺序结构和分支结构中，一般每条语句只能执行一次，但是在实际应用中，有时需要重复执行某一段语句，为了实现这种功能，可以使用循环结构。我们将重复执行的语句称为循环体。使用循环结构可以简化代码的书写，使程序的结构更清晰，并其提高程序执行的效率。

在 VBA 中，有以下 3 种形式的循环结构：

1. For...Next 语句

其具体结构和用法如下：

```
For 循环变量 = 初值 To 终值 [Step 步长]
        <语句组>
        [Exit For]
        <语句组>
    Next 循环变量
```

For 语句的执行过程是：首先循环变量取初值，检查循环变量的值是否超过终值，如果没有超过终值，继续执行循环体；如果超过终值，则跳过循环体，转而执行 Next 后面的语句。接着在初值的基础上加上步长循环刚才的判断和执行步骤，步长可省略，默认步长为 1。

还有另一种 For...Next 语句，该语句并不是通过一定的计数器变量来完成，而是针对一个数组或集合中的每个元素，重复执行循环体中的语句。

【例 7.5】对输入的 10 个整数，分别统计有几个是奇数，有几个是偶数。

操作代码如图 7.16 所示。

2. Do...Loop 语句

Do...Loop 语句可以通过 While 或者 Until 语句判断条件表达式的真假来决定是否继续执行表达式。其中，While 语句是指在满足表达式为真的条件下继续进行，而 Until 语句是在条件表达式为真时就自动结束。有以下 2 种语法结构：

```
教学管理 - Prm1 (代码)
(通用)                              Prm4
Option Compare Database
Sub Prm4()
    Dim num As Integer
    Dim a As Integer
    Dim b As Integer
    Dim i As Integer
    For i = 1 To 10
        num = InputBox("请输入数据:", "输入", 1)
        If i Mod 2 = 0 Then
            a = a + 1
        Else
            b = b + 1
        End If
    Next i
    MsgBox ("运行结果: a=" & Str(a) & ",b=" & Str(b))
End Sub
```

图 7.16　For...Next 语句示例

（1）第一种将判断表达式置于循环体之前，先判断表达式再执行循环体。语法格式如下：

```
Do While | Until 条件表达式
基本语句
Loop
```

（2）第二种将表达式置于循环体之后，不论表达式真假与否，循环体都将至少被执行一次。语法格式如下：

```
Do
基本语句
Loop While | Until 条件表达式
```

【例 7.6】计算 100 以内的偶数的平方根的和，要使用 Exit Do 语句控制循环。

操作代码如图 7.17 所示。

```
教学管理 - Prm1 (代码)
(通用)                              Prm5
Option Compare Database
Sub Prm5()
Dim x As Integer
Dim s As Single
x = 0
s = 0
Do While True
    x = x + 1
    If x > 100 Then
        Exit Do
    End If
    If x Mod 2 = 0 Then
        s = s + Sqr(x)
    End If
Loop
MsgBox s
End Sub
```

图 7.17　Do...Loop 语句示例

3. While...Wend 语句

While...Wend 循环和 Do While...Loop 结构相似，但不能在循环的中途退出，即不能在循环体内部使用 Exit Do 语句。其具体结构和用法如下：

```
While <条件表达式>
        <语句组>
    Wend
```

如果条件为真，则所有的语句都会执行，一直执行到 Wend 语句。然后再回到 While 语句，并再一次检查条件。如果条件仍为真，则重复执行；如果不为真，则程序会从 Wend 语句之后的语句继续执行。

7.3.3　过程与函数

在 VBA 中，共有 4 种过程：Sub 过程、Function 过程、Property 属性过程和 Event 事件过程。

1. Sub 过程

Sub 过程也称子过程，是实现某一特定功能的代码段，它没有返回值。

其声明过程的语法结构如下：

```
[Prinvate | Public][Static]Sub 子过程名（[参数列表]）
        Statements
    End Sub
```

说明：

（1）使用 Public 时表示该过程可以被任何模块所访问，使用 Private 时表示该过程只能在声明它的模块中使用，默认时，Sub 过程被默认为 Public。

（2）使用 Static 时，表示在两次调用直接保留过程中的局部变量的值。

（3）过程可以有参数，也可以在调用该过程时指定参数，以实现特定功能。也可以没有参数，直接在过程名称后附一个"()"。参数也称为形参，只能是变量名或数组名。

2. Function 过程

Function 过程也称函数，与 Sub 过程不同的是，函数可以返回一个值。

定义函数的语法结构如下：

```
[Prinvate | Public][Static] Function 函数名称（[参数列表]）[As 数据类型]
[局部变量或常数声明]
[语句序列]
函数名称 = 表达式
    End Function
```

说明：其中的 Public、Private、Static 形参和实参的说明与 Sub 过程相同。还可以在函数过程名末尾，使用一个类型声明字符或使用 As 子句来声明这个函数过程返回变量的数据类型；否则 VBA 会自动赋值给该函数过程一个最合适的数据类型。

3. Property 属性过程

这是 Visual Basic 在对象功能上添加的过程，与对象特征密切相关，也是 VBA 比较重要的组成。属性过程是一系列的 Visual Basic 语句，它允许创建并自定义属性。属性的过程可以为窗体、标准模块以及类模块创建的只读属性。

当创建一个属性过程时，它会变成此过程所包含的模块的一个属性。Visual Basic 共提供了

3 种 Property 过程。

（1）Property Let：用来设置属性值的过程。

（2）Property Get：用来返回属性值的过程。

（3）Property Set：用来设置对象引用的过程。

声明属性过程的语法格式如下：

```
[Prinvate | Public][Static]Property{Get | Let | Set}属性过程名 [(arguments)]
[As type]
    Statements
End Property
```

4. Event 事件过程

事件过程用于响应窗体或报表上的事件，当一个事件如鼠标单击发生时会调用与该事件相对应的事件过程。事件过程存储在类模块中。

在窗体和报表的设计视图中，"属性表"窗格中的各个选项以中文进行显示，使得用户操作起来更加方便。但是，在 VBA 程序设计中，属性、事件和方法都用英文来表示。例如，"标题"属性用 Caption 表示，"单击"事件用 Click 表示，"获取焦点"事件用 GotFocus 表示。

事件过程是事件的处理程序，与事件是一一对应的。事件过程的一般格式如下：

```
Private Sub 对象_事件名()
(代码组)
End Sub
```

5. 过程的调用

1）子过程的调用（共有两种形式）

```
Call 子过程名（[<实参>]）
子过程名（[<实参>]）
```

说明：实参是给形参传递数据的，如果使用 Call 来调用一个需要参数的过程，则形参要放在括号中；如果省略了关键字 Call，则形参外面的括号也必须省略。每调用一次 Sub 子过程，Sub 与 End Sub 之间的语句就被执行一次。

2）调用函数（只有一种形式）

```
函数过程名（[<实参>]）
```

说明：由于函数过程会返回一个数据，实际上，函数过程的上述调用形式主要有两种方法，一种将函数过程返回值作为赋值部分赋给某个变量；另一种是将函数过程返回值作为某个过程的实参使用，或作为表达式的运算对象参与运算（通过例 7.7 对比理解两种过程调用的方法）。

【例 7.7】分别用子过程和函数过程实现：

（1）编写一个求 $n!$ 的子过程，然后调用它计算 $\sum_{n=1}^{10} n!$ 的值（见图 7.18）。

（2）编写一个求 $n!$ 函数，然后调用它计算 $\sum_{n=1}^{10} n!$ 的值（见图 7.19）。

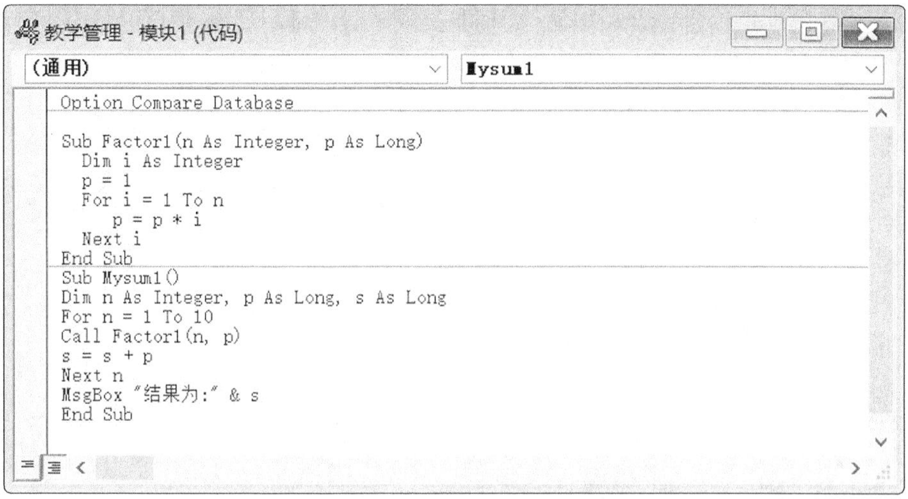

图 7.18　子过程调用实例

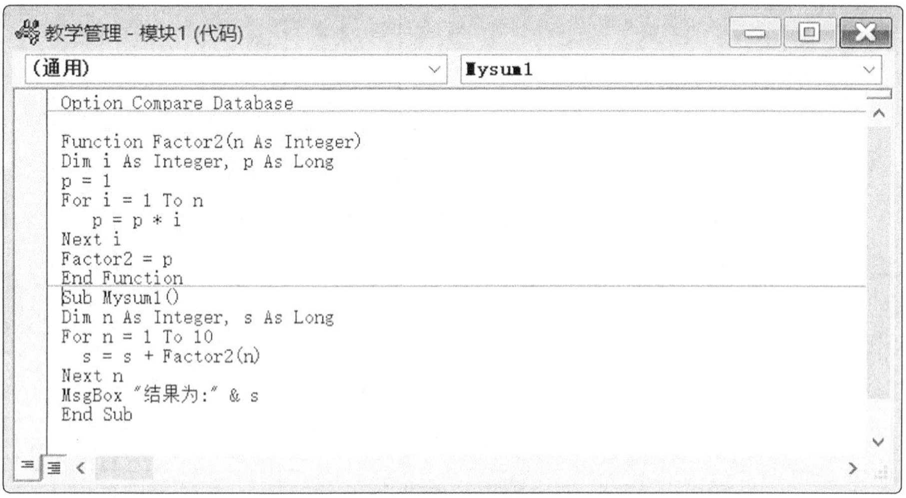

图 7.19　函数调用过程实例

6. 参数传递

通过实例 7.7 可见，当一个过程被调用时，主调过程和被调过程之间一般都有数据传递，即主调用过程的实际参数的数据被传递给被调用过程的形式参数，在 VBA 中，参数的传递有传值（ByVal）和传址（ByRef）两种方式，在定义被调用过程时，使用传值调用，必须在形参定义时加 ByVal 选项；使用传址调用，可在形参定义时加 ByRef。

其语法格式为：

```
Sub 过程名([ByRef | ByVal])形参列表 [As 数据类型]
Function 函数名([ByRef | ByVal])形参列表 [As 数据类型]
```

说明：

（1）传值调用。在定义被调用过程中，如果形参被说明为传值（ByVal），则过程调用只是相应位置实参的值单向传递给形参处理，而被调用的数据的传递是单向性的。

（2）传址调用。在定义被调用过程中，如果形参被说明为传址（ByRef），则过程调用时将相应位置实参的地址传递给形参处理，这时被调用过程内部对形参的任何操作所引起的形参值的变化就会反向改变实参的值。在这个过程中，数据的传递具有双向性。

【例7.8】阅读下面的程序代码，理解过程中参数传递的方法（见图7.20），程序运行结果在"立即窗口"中查看（见图7.21）。

```
教学管理 - M3 (代码)
(通用)                                              Add
Option Compare Database

Sub Mysum2()
Dim x As Integer, y As Integer
x = 10
y = 20
Debug.Print "1,x="; x, "y="; y
Call Add(x, y)
Debug.Print "2,x="; x, "y="; y
End Sub
Private Sub Add(ByVal m, n)
m = 100
n = 200
m = m + n
n = 2 * n + m
End Sub
```

图 7.20　参数传递实例

```
立即窗口                                              ×
1,x= 10          y= 20
2,x= 10          y= 700
```

图 7.21　参数传递实例运行结果

7.3.4　VBA 代码的保护

当开发完数据库产品时，为了防止他人查看和修改 VBA 代码，需要对数据库的 VBA 代码进行保护。通过对 VBA 设置密码，可以防止其他用户查看或编辑数据库中的程序代码。

为 VBA 代码添加密码保护的方法如下：

（1）启动 Access 2016，打开 VBA 编辑器。

（2）打开要保护的文件。

（3）选择"工具"→"文件名+属性"命令，弹出"工程属性"对话框

（4）选择"保护"选项卡，勾选"查看时锁定工程"复选框，如图 7.22 所示。

（5）输入"密码"和"确认密码"。

（6）单击"确定"按钮，完成密码设置。

图 7.22　"工程属性"对话框

习　　题

1. 使用 VBA 编写一个计算圆的面积的函数。
2. 什么是模块？ Access 中有哪几种类型的模块？
3. 常见的程序控制语句有哪些？
4. VBA 编辑器中主要有哪些窗口？
5. VBA 有几种过程？
6. 过程与函数的参数传递方式有哪两种？这两种方式有什么不同？

附录　部分习题参考答案

第　3　章

一、选择题

1. C　　2. C　　3. B　　4. A　　5. B　　6. C　　7. C　　8. C　　9. A
10. C　11. B　12. B　13. D　14. D　15. D　16. A　17. A　18. B
19. B　20. B　21. A　22. B　23. D　24. D　25. D

二、填空题

1. 删除查询、更新查询、追加查询、生成表查询
2. 生成表查询
3. DROP TABLE　学生
4. 单参数查询、多参数查询

第　7　章

1. 使用 VBA 编写一个计算圆的面积的函数。

（1）启动 Access 2016，打开教学管理数据库。

（2）在导航窗格中双击模块 HelloWorld，打开 VBA 编辑器。将光标定位到 Hello World()
过程的后面，选择"插入"→"过程"命令，弹出"添加过程"对话框。在"名称"文本框中
输入过程名 Area，"类型"选择"函数"，"范围"选择"公共的"。

（3）单击"确定"按钮，在 Area 中添加代码（见下图）。

（4）再创建一个子过程 test。在该子过程中调用函数 Area，代码见下图。

```
Public Sub test()
    Dim r As Integer
    r = 5
    Result = Area(r)
    MsgBox "半径为" & r & "的圆面积是:" & Result
End Sub
```

（5）单击工具栏中的"保存"按钮。

（6）单击工具栏中的"运行子程序"按钮，弹出"宏"对话框，在"宏"对话框中选择 test 过程，单击"运行"按钮，结果如下图所示。

参 考 文 献

[1] 冯博琴,贾应智.数据库技术与应用(Access 2010)[M].北京:中国铁道出版社,2014.

[2] 赵洪帅.Access 2010 数据库应用技术教程 [M].北京:中国铁道出版社,2013.

[3] 潘晓男.Access 2010 数据库应用技术 [M].2 版.北京:中国铁道出版社,2010.

[4] 齐晖,潘惠勇.数据库技术及应用 [M].北京:中国铁道出版社,2017.